NASA Reference Publication 1369

1995

Total Solar Eclipse of 1997 March 9

Fred Espenak
Goddard Space Flight Center
Greenbelt, Maryland
USA

Jay Anderson
Environment Canada
Winnipeg, Manitoba
CANADA

National Aeronautics and Space Administration

Scientific and Technical Information Branch

PREFACE

This is the fourth in a series of NASA Eclipse Bulletins containing detailed predictions, maps and meteorological data for future central solar eclipses of interest. Published as part of NASA's Reference Publication (RP) series, the bulletins are prepared in cooperation with the Working Group on Eclipses of the International Astronomical Union and are provided as a public service to both the professional and lay communities, including educators and the media. In order to allow a reasonable lead time for planning purposes, subsequent bulletins will be published 24 to 36 months before each event. A tentative schedule for future eclipse bulletins and projected publication dates appears at the end of the Preface.

Response to the first two eclipse bulletins was overwhelming and our supply was quickly depleted. The initial bulletin distribution required a great deal of time, secretarial work and postage. To conserve resources and to make bulletin responses faster and more efficient, the procedure for requesting eclipse bulletins has been undergoing a series of modifications. Currently bulletins may be obtained as follows.

Single copies of the bulletins are available at no cost and may be ordered by sending a 9 x 12 inch SASE (self addressed stamped envelope) with sufficient postage (11 oz. or 310 g.). Use stamps only; cash or checks cannot be accepted. Requests within the U. S. may use the Postal Service's Priority Mail for $3.00. Please print either the eclipse date (year & month) or the NASA RP number in the lower left corner of the SASE. Requests from outside the U. S. and Canada may send nine international postal coupons to cover postage. Exceptions to the postage requirements will be made for international requests where political or economic restraints prevent the transfer of funds to other countries. We will also relax the SASE requirements to professional researchers and scientists provided their request comes on official stationary. It would also be helpful if they included a self addressed address label. Finally, all requests should be accompanied by a copy of the request form on page 63. Bulletin requests may be made to either of the authors. Comments, suggestions, criticisms and corrections are solicited to improve the content and layout in subsequent editions of this publication series, and may be sent to Espenak.

As we enter the age of the 'Information Highway', it seems fitting that the eclipse bulletins should be served electronically. Thanks to the initiative and expertise of Dr. Joe Gurman (GSFC/Solar Physics Branch), the first four eclipse bulletins are all available over the Internet. Formats include a BinHex-encoded version of the original MS Word file + PICT + GIF scanned GNC[1] maps, as well as a hypertext version. They can be read or downloaded via the World-Wide Web server with a Mosaic or Netscape client from Goddard's Solar Data Analysis Center (SDAC) home page: *http://umbra.gsfc.nasa.gov/sdac.html*. Most of the files are also available via anonymous ftp. In addition, path data for all central eclipses through the year 2000 are available via *http://umbra.gsfc.nasa.gov/eclipse/predictions/year-month-day.html*, where the string *year-month-day* is replaced with the date of interest (e.g. - 1999-august-11). For more details, please see pages 17 and 18. Naturally, all future eclipse bulletins will also be available via Internet.

Since the eclipse bulletins are of a limited and finite size, they cannot include everything needed by every single scientific investigation. For instance, some investigators may require exact contact times which include lunar limb effects or for a specific observing site not listed in the bulletin. Other investigations may need customized predictions for an aerial rendezvous or from the path limits for grazing eclipse experiments. F. Espenak would like to assist such investigations by offering to calculate additional predictions for any professionals or large groups of amateurs. Please contact Espenak with complete details and eclipse prediction requirements.

We would like to acknowledge the valued contributions of a number of individuals who were essential to the success of this publication. The format and content of the NASA eclipse bulletins has drawn heavily upon over 40 years of eclipse *Circulars* published by the U. S. Naval Observatory. We owe a debt of gratitude to past and present staff of that institution who have performed this service for so many years. The many publications and algorithms of Dr. Jean Meeus have served to inspire a life-long interest in eclipse prediction. We thank Francis Reddy, who helped develop the data base of geographic coordinates for major cities used in the local circumstances predictions. Dr. Wayne Warren graciously provided a draft copy of the *IOTA Observer's Manual* for use in describing contact timings near the path limits. Dr. Jay M. Pasachoff kindly reviewed the manuscript and offered a number of valuable suggestions. The availability of the eclipse bulletins via the Internet is due entirely to the efforts of Dr. Joseph B. Gurman. The support of Environment Canada is acknowledged in the acquisition and arrangement of the weather data. Finally, the

---

[1] Global Navigation and Planning Charts

authors thank Goddard's Laboratory for Extraterrestrial Physics for several minutes of CPU time on the LEPVX2 computer. The time was used for verifying predictions generated with the Macintosh.

A special thanks goes to Roger W. Sinnott of *Sky & Telescope* for calling our attention to a discrepancy in the NASA bulletin times of maximum eclipse. In previous bulletins, these times are sometimes in error by one or two minutes for stations where the eclipse magnitude is small (<0.2). The error decreases for locations near the umbral path and drops to zero on the center line. Fortunately, all contact times are unaffected by the bug and the software has been corrected in producing the current bulletin.

Permission is freely granted to reproduce any portion of this Reference Publication, including data, figures, maps, tables and text. All uses and/or publication of this material should be accompanied by an appropriate acknowledgment of the source (e.g. - "Reprinted from *Total Solar Eclipse of 1997 March 9*, Espenak and Anderson, 1995"). We would also appreciate receiving a copy of the publication in which these data are used.

The names and spellings of countries, cities and other geopolitical regions are not authoritative, nor do they imply any official recognition in status. Corrections to names, geographic coordinates and elevations are actively solicited in order to update the data base for future eclipses. All calculations, diagrams and opinions presented in this publication are those of the authors and they assume full responsibility for their accuracy.

Fred Espenak
NASA/Goddard Space Flight Center
Planetary Systems Branch, Code 693
Greenbelt, MD 20771
USA

Jay Anderson
Environment Canada
900-266 Graham Avenue
Winnipeg, MB,
CANADA R3C 3V4

Fax: (301) 286-0212
E-mail: espenak@lepvax.gsfc.nasa.gov

Fax: (204) 983-0109
E-mail: jander@cc.umanitoba.ca

Current and Future NASA Solar Eclipse Bulletins

NASA Eclipse Bulletin	RP #	Publication Date
Annular Solar Eclipse of 1994 May 10	*1301*	*April 1993*
Total Solar Eclipse of 1994 November 3	*1318*	*October 1993*
Total Solar Eclipse of 1995 October 24	*1344*	*July 1994*
Total Solar Eclipse of 1997 March 9	*1369*	*July 1995*

- - - - - - - - - - - future - - - - - - - - - - -

Total Solar Eclipse of 1998 February 26	—	*Fall 1995*
Total Solar Eclipse of 1999 August 11	—	*Summer 1996*
Total Solar Eclipse of 2001 June 21	—	*Summer 1997*

Total Solar Eclipse of 1997 March 9

Table of Contents

Eclipse Predictions 1
    Introduction 1
    Umbral Path And Visibility 1
    General Maps of the Eclipse Path 2
        Orthographic Projection Map of the Eclipse Path 2
        Stereographic Projection Map of the Eclipse Path 2
        Equidistant Conic Projection Maps of the Eclipse Path 3
    Elements, Shadow Contacts and Eclipse Path Tables 3
    Local Circumstances Tables 4
    Detailed Maps of the Umbral Path 5
    Estimating Times of Second And Third Contacts 5
    Mean Lunar Radius 6
    Lunar Limb Profile 7
    Limb Corrections To The Path Limits: Graze Zones 8
    Saros History 9
Weather Prospects for the Eclipse 10
    Overview 10
    Mongolia 10
    Russia — The Lake Baikal Area 11
    Russia — Northeastern Siberia 11
    Cloud Cover Verses Sun Altitude 11
Observing the Eclipse 12
    Eye Safety During Solar Eclipses 12
    Sources for Solar Filters 12
    Eclipse Photography 13
    Dressing for Cold Weather 14
    Sky At Totality 15
    Contact Timings from the Path Limits 16
    Plotting the Path on Maps 16
Eclipse Data on Internet 17
    NASA Eclipse Bulletins on Internet 17
    Future Eclipse Paths on Internet 17
Algorithms, Ephemerides and Parameters 18
Bibliography 19
    References 19
    Further Reading 19
Figures 21
Tables 31
Maps of the Umbral Path 55
Request Form for NASA Eclipse Bulletins 63

TOTAL SOLAR ECLIPSE OF 1997 MARCH 9

Figures, Tables and Maps

Figures..21
  Figure 1: Orthographic Projection Map of the Eclipse Path......................23
  Figure 2: Stereographic Projection Map of the Eclipse Path.....................24
  Figure 3: The Eclipse Path Through Asia..25
  Figure 4:   The Eclipse Path in Detail...26
  Figure 5: The Lunar Limb Profile At 01:00 UT..27
  Figure 6: Final Seven Umbral Eclipses of Saros Series 120....................28
  Figure 7: Mean Cloud Cover in March Along the Eclipse Path................29
  Figure 8: The Sky During Totality As Seen From Center Line At 01:00 UT............30

Tables..31
  Table 1: Elements of the Total Solar Eclipse of 1997 March 9 33
  Table 2: Shadow Contacts and Circumstances 34
  Table 3: Path of the Umbral Shadow 35
  Table 4: Physical Ephemeris of the Umbral Shadow 36
  Table 5: Local Circumstances on the Center Line 37
  Table 6: Topocentric Data and Path Corrections Due To Lunar Limb Profile............38
  Table 7:   Mapping Coordinates for the Umbral Path................................39
  Table 8: Maximum Eclipse & Circumstances for Russia 42
  Table 9:   Maximum Eclipse & Circumstances for Mongolia, Kazakhstan, Koreas'......44
  Table 10: Maximum Eclipse & Circumstances for China and the Orient 46
  Table 11: Maximum Eclipse & Circumstances for Southeast Asia............................48
  Table 12: Maximum Eclipse & Circumstances for Japan and the Philippines............50
  Table 13: Solar Eclipses of Saros Series 120 52
  Table 14:   Climatological Statistics for March Along the Eclipse Path.....................53
  Table 15:   35mm Field of View and Size of Sun's Image........................54
  Table 16: Solar Eclipse Exposure Guide 54

Maps of the Umbral Path...55
  Map 1:   Western Mongolia...57
  Map 2: Eastern Mongolia and Lake Baikal..58
  Map 3: Siberian Russia — 120° East 59
  Map 4: Siberian Russia — 130° East 60
  Map 5: Siberian Russia — 140° East 61
  Map 6: Siberian Russia — 150° East 62

Eclipse Predictions

Introduction

On Sunday, 1997 March 9, a total eclipse of the Sun will be visible from parts of eastern Asia. The path of the Moon's umbral shadow begins in eastern Kazakhstan, and travels through Mongolia and eastern Siberia where it swings northward to end at sunset in the Arctic Ocean. A partial eclipse will be seen within the much broader path of the Moon's penumbral shadow, which includes eastern Asia, the northern Pacific and the northwest corner of North America (Figures 1 and 2).

Umbral Path And Visibility

Due to the large value of gamma[1] (=0.918) at this eclipse, the Moon's umbral shadow remains close to Earth's limb throughout the event. Thus, the Sun never climbs higher than 23° along the entire track. The path of the umbral shadow begins at sunrise in easternmost Kazakhstan at 00:41 UT (Figures 3 and 4). However, it requires an additional four minutes for the northern edge of the shadow to contact Earth. At this time (00:45 UT), the path is 318 kilometers wide and the southeast edge of the umbra already reaches deep into central Mongolia while the northwest edge has yet to make planetfall. An observer on the center line will then witness a total eclipse lasting 2 minutes 11 seconds with the Sun 6° above the eastern horizon. One minute later (00:46 UT), the umbra makes its first interior contact and the entire shadow now falls completely on Earth. Neglecting Earth's curvature, the shadow is an ellipse of high eccentricity ($\varepsilon=0.991$ or 916 x 126 kilometers) as it rushes eastward with a ground velocity of 1.9 km/s.

Mongolia's capital city Ulaanbaatar lies just south of the path and experiences a tantalizing partial eclipse of magnitude 0.996 at 00:48 UT. Only 0.2% of the Sun's photosphere will then be exposed and it may be possible to see the corona and the diamond ring effect if skies are clear. By 00:50 UT, the shadow's velocity and ellipticity have decreased to 1.6 km/s and $\varepsilon=0.977$ (610 x 130 kilometers), respectively. From the center line, the Sun's altitude is 12° and the duration of totality is 2 minutes 24 seconds. The industrial city of Darchan lies within the path ~30 kilometers south of the center line where the total phase is diminished by only one second from maximum duration. North of the path, the Russian hydroelectric city of Irkutsk also witnesses a deep partial eclipse of magnitude 0.988 at 00:54 UT.

Traveling eastward, the shadow quickly crosses the Mongolian-Russian border as it passes south of Lake Baikal, the world's largest fresh water lake. At 00:55 UT, the path width is 361 kilometers, the center line duration is 2 minutes 33 seconds and the Sun's altitude is 16°. Ulan-Ude lies just outside the northern limit and witnesses a partial phase of magnitude 0.998; only 0.1% of the Sun will then be visible. As the shadow's track curves northward, it engulfs the largest city in its path. Cita (pop. = 366,000) experiences mid eclipse at 01:00 UT and enjoys 2 minutes 15 seconds of totality. About 100 kilometers to the south, the center line duration lasts 2 minutes 39 seconds at a solar elevation of 18°.

Although the umbra first touched Earth a mere nine minutes earlier, it has already traveled 2,000 kilometers. At 01:08 UT, Russia's city of Mogocha witnesses a 2 minute 32 second total eclipse with the Sun at 20°. The shadow's course takes it increasingly northward where its southern half briefly enters the northern provinces of China (01:10 UT). The instant of greatest eclipse[2] occurs shortly thereafter at 01:23:48.5 UT. Totality then reaches its maximum duration of 2 minutes 50 seconds, the Sun's altitude is 23°, the path width is 356 kilometers and the umbra's velocity is 0.836 km/s. From this point on, the path rapidly turns north and crosses some of the most desolate regions of northern Siberia. Finally, the umbra reaches the coast of the East Siberian Sea at 01:52 UT. The umbral duration (2m33s), path width (314 km), and Sun's altitude (16°), are now decreasing while the shadow's ground velocity is increasing (1.3 km/s).

Continuing north across the East Siberian Sea and the Arctic Ocean, the Moon's umbra leaves Earth's surface near the North Pole at 2:06 UT. During the eighty minutes of central eclipse, the broad umbral shadow travels approximately 6800 kilometers, and encompasses 0.4% of Earth's surface.

---

[1] Minimum distance of the Moon's shadow axis from Earth's center in units of equatorial Earth radii.

[2] The instant of greatest eclipse occurs when the distance between the Moon's shadow axis and Earth's geocenter reaches a minimum. Although greatest eclipse differs slightly from the instants of greatest magnitude and greatest duration (for total eclipses), the differences are usually negligible.

GENERAL MAPS OF THE ECLIPSE PATH

ORTHOGRAPHIC PROJECTION MAP OF THE ECLIPSE PATH

Figure 1 is an orthographic projection map of Earth [adapted from Espenak, 1987] showing the path of penumbral (partial) and umbral (total) eclipse. The daylight terminator is plotted for the instant of greatest eclipse with north at the top. The sub-Earth point is centered over the point of greatest eclipse and is marked with an asterisk at **GE**. Earth's sub-solar point at that instant is also indicated by the point **SS**.

The limits of the Moon's penumbral shadow define the region of visibility of the partial eclipse. This saddle shaped region often covers more than half of Earth's daylight hemisphere and consists of several distinct zones or limits. At the northern and/or southern boundaries lie the limits of the penumbra's path. Partial eclipses have only one of these limits, as do central eclipses when the shadow axis falls no closer than about 0.45 radii from Earth's center. Great loops at the western and eastern extremes of the penumbra's path identify the areas where the eclipse begins/ends at sunrise and sunset, respectively. Since the penumbra has no northern limit during this eclipse, the rising and setting curves are connected into a distorted figure eight. Bisecting the 'eclipse begins/ends at sunrise and sunset' loops is the curve of maximum eclipse at sunrise (western loop) and sunset (eastern loop). The exterior tangency points **P1** and **P4** mark the coordinates where the penumbral shadow first contacts (partial eclipse begins) and last contacts (partial eclipse ends) Earth's surface. Likewise, the points **U1** and **U4** mark the exterior coordinates where the umbral shadow initially (total eclipse begins) and terminally contacts Earth (total eclipse ends). The points **U2** and **U3** mark the interior points of initial and final umbral contact with Earth's surface.

A curve of maximum eclipse is the locus of all points where the eclipse is at maximum at a given time. They are plotted at each half hour Universal Time (UT), and generally run from northern to southern penumbral limits, or from the maximum eclipse at sunrise or sunset curves to one of the limits. The outline of the umbral shadow is plotted every ten minutes in UT. Curves of constant eclipse magnitude[3] delineate the locus of all points where the magnitude at maximum eclipse is constant. These curves run exclusively between the curves of maximum eclipse at sunrise and sunset. Furthermore, they are parallel to the northern/southern penumbral limits and the umbral paths of central eclipses. Northern and southern limits of the penumbra may be thought of as curves of constant magnitude of 0%, while adjacent curves are for magnitudes of 20%, 40%, 60% and 80%. The northern and southern limits of the path of total eclipse are curves of constant magnitude of 100%.

At the top of Figure 1, the Universal Time of geocentric conjunction between the Moon and Sun is given followed by the instant of greatest eclipse. The eclipse magnitude is given for greatest eclipse. For central eclipses (both total and annular), it is equivalent to the geocentric ratio of diameters of the Moon and Sun. Gamma is the minimum distance of the Moon's shadow axis from Earth's center in units of equatorial Earth radii. The shadow axis passes south of Earth's geocenter for negative values of Gamma. Finally, the Saros series number of the eclipse is given along with its relative sequence in the series.

STEREOGRAPHIC PROJECTION MAP OF THE ECLIPSE PATH

The stereographic projection of Earth in Figure 2 depicts the path of penumbral and umbral eclipse in greater detail. The map is oriented north up with the point of greatest eclipse near the center. International political borders are shown and circles of latitude and longitude are plotted at 20° increments. The region of penumbral or partial eclipse is identified by its northern and southern limits, curves of eclipse begins or ends at sunrise and sunset, and curves of maximum eclipse at sunrise and sunset. Curves of constant eclipse magnitude are plotted for 20%, 40%, 60% and 80%, as are the limits of the path of total eclipse. Also included are curves of greatest eclipse at every half hour Universal Time.

Figures 1 and 2 may be used to quickly determine the approximate time and magnitude of maximum eclipse at any location within the eclipse path.

---

[3] Eclipse magnitude is defined as the fraction of the Sun's diameter occulted by the Moon. It is strictly a ratio of *diameters* and should not be confused with eclipse obscuration which is a measure of the Sun's surface *area* occulted by the Moon. Eclipse magnitude may be expressed as either a percentage or a decimal fraction (e.g.: 50% or 0.50).

EQUIDISTANT CONIC PROJECTION MAPS OF THE ECLIPSE PATH

Figures 3 and 4 are equidistant conic projection maps selected to minimize distortion, and which isolate specific regions of the umbral path. Once again, curves of maximum eclipse and constant eclipse magnitude are plotted and labeled. A linear scale is included for estimating approximate distances (kilometers) in each figure. Within the northern and southern limits of the path of totality, the outline of the umbral shadow is plotted at five minute intervals. The duration of totality (minutes and seconds) and the Sun's altitude correspond to the local circumstances on the center line at each shadow position.

Figures 3 and 4 are drawn to scales of ~1:30,000,000 and ~1:14,035,000, respectively. Both figures include the positions larger cities and metropolitan areas in and near the umbral path. The size of each city is logarithmically proportional to its population using 1990 census data (Rand McNally, 1991).

ELEMENTS, SHADOW CONTACTS AND ECLIPSE PATH TABLES

The geocentric ephemeris for the Sun and Moon, various parameters, constants, and the Besselian elements (polynomial form) are given in Table 1. The eclipse elements and predictions were derived from the DE200 and LE200 ephemerides (solar and lunar, respectively) developed jointly by the Jet Propulsion Laboratory and the U. S. Naval Observatory for use in the *Astronomical Almanac* for 1984 and thereafter. Unless otherwise stated, all predictions are based on center of mass positions for the Moon and Sun with no corrections made for center of figure, lunar limb profile or atmospheric refraction. The predictions depart from normal IAU convention through the use of a smaller constant for the mean lunar radius k for all umbral contacts (see: LUNAR LIMB PROFILE). Times are expressed in either Terrestrial Dynamical Time (TDT) or in Universal Time (UT), where the best value of ΔT[4] available at the time of preparation is used.

Table 2 lists all external and internal contacts of penumbral and umbral shadows with Earth. They include TDT times and geodetic coordinates with and without corrections for ΔT. The contacts are defined:

      P1 - Instant of first external tangency of penumbral shadow cone with Earth's limb.
         (partial eclipse begins)
      P4 - Instant of last external tangency of penumbral shadow cone with Earth's limb.
         (partial eclipse ends)
      U1 - Instant of first external tangency of umbral shadow cone with Earth's limb.
         (umbral eclipse begins)
      U2 - Instant of first internal tangency of umbral shadow cone with Earth's limb.
      U2 - Instant of last internal tangency of umbral shadow cone with Earth's limb.
      U4 - Instant of last external tangency of umbral shadow cone with Earth's limb.
         (umbral eclipse ends)

Similarly, the northern and southern extremes of the penumbral and umbral paths, and extreme limits of the umbral center line are given. The IAU longitude convention is used throughout this publication (i.e. - for longitude, east is positive and west is negative; for latitude, north is positive and south is negative).

The path of the umbral shadow is delineated at two minute intervals in Universal Time in Table 3. Coordinates of the northern limit, the southern limit and the center line are listed to the nearest tenth of an arc-minute (~185 m at the Equator). The Sun's altitude, path width and umbral duration are calculated for the center line position. Table 4 presents a physical ephemeris for the umbral shadow at two minute intervals in UT. The center line coordinates are followed by the topocentric ratio of the apparent diameters of the Moon and Sun, the eclipse obscuration[5], and the Sun's altitude and azimuth at that instant. The central path width, the umbral shadow's major and minor axes and its instantaneous velocity with respect to Earth's surface are included. Finally, the center line duration of the umbral phase is given.

Local circumstances for each center line position listed in Tables 3 and 4 are presented in Table 5. The first three columns give the Universal Time of maximum eclipse, the center line duration of totality and the altitude of the Sun at that instant. The following columns list each of the four eclipse contact times followed by their related contact position angles and the corresponding altitude of the Sun. The four contacts identify significant stages in the progress of the eclipse. They are defined as follows:

---

[4] ΔT is the difference between Terrestrial Dynamical Time and Universal Time
[5] Eclipse obscuration is defined as the fraction of the Sun's surface area occulted by the Moon.

First Contact — Instant of first external tangency between the Moon and Sun.
(partial eclipse begins)
Second Contact — Instant of first internal tangency between the Moon and Sun.
(central or umbral eclipse begins; total or annular eclipse begins)
Third Contact — Instant of last internal tangency between the Moon and Sun.
(central or umbral eclipse ends; total or annular eclipse ends)
Fourth Contact — Instant of last external tangency between the Moon and Sun.
(partial eclipse ends)

The position angles **P** and **V** identify the point along the Sun's disk where each contact occurs[6]. Second and third contact altitudes are omitted since they are always within 1° of the altitude at maximum eclipse.

Table 6 presents topocentric values from the central path at maximum eclipse for the Moon's horizontal parallax, semi-diameter, relative angular velocity with respect to the Sun, and libration in longitude. The altitude and azimuth of the Sun are given along with the azimuth of the umbral path. The northern limit position angle identifies the point on the lunar disk defining the umbral path's northern limit. It is measured counter-clockwise from the north point of the Moon. In addition, corrections to the path limits due to the lunar limb profile are listed. The irregular profile of the Moon results in a zone of 'grazing eclipse' at each limit that is delineated by interior and exterior contacts of lunar features with the Sun's limb. This geometry is described in greater detail in the section LIMB CORRECTIONS TO THE PATH LIMITS: GRAZE ZONES. Corrections to center line durations due to the lunar limb profile are also included. When added to the durations in Tables 3, 4, 5 and 7, a slightly shorter central total phase is predicted.

To aid and assist in the plotting of the umbral path on large scale maps, the path coordinates are also tabulated at 1° intervals in longitude in Table 7. The latitude of the northern limit, southern limit and center line for each longitude is tabulated along with the Universal Time of maximum eclipse at each position. Finally, local circumstances on the center line at maximum eclipse are listed and include the Sun's altitude and azimuth, the umbral path width and the central duration of totality.

LOCAL CIRCUMSTANCES TABLES

Local circumstances from approximately 280 cities, metropolitan areas and places in Asia are presented in Tables 8 through 12. Each table is broken down into two parts. The first part, labeled **a**, appears on left or even numbered pages and gives circumstances at maximum eclipse[7] for each location. The coordinates are listed along with the location's elevation (meters) above sea-level, if known. If the elevation is unknown (i.e. - not in the data base), then the local circumstances for that location are calculated at sea-level. In any case, the elevation does not play a significant role in the predictions unless the location is near the umbral path limits and the Sun's altitude is relatively small (<10°). The Universal Time of maximum eclipse (either partial or total) is listed to an accuracy of 0.1 seconds. Next, the position angles **P** and **V** of the Moon's disk with respect to the Sun are given, followed by the altitude and azimuth of the Sun at maximum eclipse. Finally, the corresponding eclipse magnitude and obscuration are listed. For umbral eclipses (both annular and total), the eclipse magnitude is identical to the topocentric ratio of the Moon's and Sun's apparent diameters. The eclipse magnitude is always less than 1 for annular eclipses and equal to or greater than 1 for total eclipses. The final column gives the duration of totality if this location passes through the Moon's umbral shadow.

The second part of each table, labeled **b**, is found on right handed or odd numbered pages. It gives local circumstances at each eclipse contact for every location listed in part **a**. The Universal Time of each contact is given along with position angles **P** and **V** as well as the altitude of the Sun. The position angles identify the point along the Sun's disk where each contact occurs and are measured counter-clockwise from the north and zenith points, respectively. Locations outside the umbral path miss the umbral eclipse and only witness first and fourth contacts. The effects of refraction have not been included in these calculations, nor have there been any corrections for center of figure or the lunar limb profile.

While this eclipse path is quite wide (~370 km), few cities fall within the path since it passes through a relatively unpopulated region of Asia. Locations were chosen based on general geographic

---

[6] P is defined as the contact angle measured counter-clockwise from the *north* point of the Sun's disk.
V is defined as the contact angle measured counter-clockwise from the *zenith* point of the Sun's disk.

[7] For partial eclipses, maximum eclipse is the instant when the greatest fraction of the Sun's diameter is occulted. For umbral eclipses (total or annular), maximum eclipse is the instant of mid-totality or mid-annularity.

distribution, population, and proximity to the path. The primary source for geographic coordinates is *The New International Atlas* (Rand McNally, 1991). Elevations for major cities were taken from *Climates of the World* (U. S. Dept. of Commerce, 1972). In this rapidly changing political world, it is often difficult to ascertain the correct name or spelling for a given location. Therefore, the information presented here is for location purposes only and is not meant to be authoritative. Furthermore, it does not imply recognition of status of any location by the United States Government. Corrections to names, spellings, coordinates and elevations is solicited in order to update the geographic data base for future eclipse predictions.

DETAILED MAPS OF THE UMBRAL PATH

The path of totality has been plotted by hand on a set of six detailed maps appearing in the last section of this publication. The maps are Global Navigation and Planning Charts or GNC's from the Defense Mapping Agency, which use a Lambert conformal conic projection. More specifically, GNC-5 covers central Asia while GNC-1 covers the Arctic. GNC's have a scale of 1:5,000,000 (1 inch ~ 69 nautical miles), which is adequate for showing major cities, highways, airports, rivers, bodies of water and basic topography required for eclipse expedition planning including site selection, transportation logistics and weather contingency strategies.

Northern and southern limits as well as the center line of the path are plotted using Table 7. Although no corrections have been made for center of figure or lunar limb profile, they have little or no effect at this scale. Atmospheric refraction has not been included as its effects play a significant role only at very low solar altitudes. In any case, refraction corrections to the path are uncertain since they depend on the atmospheric temperature-pressure profile, which cannot be predicted in advance. If observations from the graze zones are planned, then the path must be plotted on higher scale maps using limb corrections in Table 6. See PLOTTING THE PATH ON MAPS for sources and more information. The GNC paths also depict the curve of maximum eclipse at five minute increments in Universal Time from Table 3.

ESTIMATING TIMES OF SECOND AND THIRD CONTACTS

The times of second and third contact for any location not listed in this publication can be estimated using the detailed maps found in the final section. Alternatively, the contact times can be estimated from maps on which the umbral path has been plotted. Table 7 lists the path coordinates conveniently arranged in 1° increments of longitude to assist plotting by hand. The path coordinates in Table 3 define a line of maximum eclipse at five minute increments in time. These lines of maximum eclipse each represent the projection diameter of the umbral shadow at the given time. Thus, any point on one of these lines will witness maximum eclipse (i.e.: mid-totality) at the same instant. The coordinates in Table 3 should be added to the map in order to construct lines of maximum eclipse.

The estimation of contact times for any one point begins with an interpolation for the time of maximum eclipse at that location. The time of maximum eclipse is proportional to a point's distance between two adjacent lines of maximum eclipse, measured along a line parallel to the center line. This relationship is valid along most of the path with the exception of the extreme ends, where the shadow experiences its largest acceleration. The center line duration of totality **D** and the path width **W** are similarly interpolated from the values of the adjacent lines of maximum eclipse as listed in Table 3. Since the location of interest probably does not lie on the center line, it is useful to have an expression for calculating the duration of totality **d** as a function of its perpendicular distance **a** from the center line:

$$d = D (1 - (2a/W)^2)^{1/2} \text{ seconds} \qquad [1]$$

where: d = duration of totality at desired location (seconds)
D = duration of totality on the center line (seconds)
a = perpendicular distance from the center line (kilometers)
W = width of the path (kilometers)

If t_m is the interpolated time of maximum eclipse for the location, then the approximate times of second and third contacts (t_2 and t_3, respectively) are:

Second Contact: $\qquad t_2 = t_m - d/2 \qquad$ [2]
Third Contact: $\qquad t_3 = t_m + d/2 \qquad$ [3]

The position angles of second and third contact (either **P** or **V**) for any location off the center line are also useful in some applications. First, linearly interpolate the center line position angles of second and third contacts from the values of the adjacent lines of maximum eclipse as listed in Table 5. If X_2 and X_3 are the interpolated center line position angles of second and third contacts, then the position angles x_2 and x_3 of those contacts for an observer located **a** kilometers from the center line are:

Second Contact: $\quad x_2 = X_2 - \arcsin(2a/W) \quad$ [4]

Third Contact: $\quad x_3 = X_3 + \arcsin(2a/W) \quad$ [5]

where: $\quad x_n$ = interpolated position angle (either **P** or **V**) of contact **n** at location
$\quad \quad \quad \quad X_n$ = interpolated position angle (either **P** or **V**) of contact **n** on center line
$\quad \quad \quad \quad$ **a** = perpendicular distance from the center line (kilometers)
$\quad \quad \quad \quad \quad$ (use negative values for locations south of the center line)
$\quad \quad \quad \quad$ **W** = width of the path (kilometers)

MEAN LUNAR RADIUS

A fundamental parameter used in the prediction of solar eclipses is the Moon's mean radius **k**, expressed in units of Earth's equatorial radius. The actual radius of the Moon varies as a function of position angle and libration due to the irregularity of the lunar limb profile. From 1968 through 1980, the Nautical Almanac Office used two separate values for **k** in their eclipse predictions. The larger value (k=0.2724880), representing a mean over lunar topographic features, was used for all penumbral (i.e. - exterior) contacts and for annular eclipses. A smaller value (k=0.272281), representing a mean minimum radius, was reserved exclusively for umbral (i.e. - interior) contact calculations of total eclipses [*Explanatory Supplement*, 1974]. Unfortunately, the use of two different values of **k** for umbral eclipses introduces a discontinuity in the case of hybrid or annular-total eclipses.

In August 1982, the IAU General Assembly adopted a value of k=0.2725076 for the mean lunar radius. This value is currently used by the Nautical Almanac Office for all solar eclipse predictions [Fiala and Lukac, 1983] and is currently the best mean radius, averaging mountain peaks and low valleys along the Moon's rugged limb. In general, the adoption of one single value for **k** is commendable because it eliminates the discontinuity in the case of annular-total eclipses and ends confusion arising from the use of two different values. However, the use of even the best 'mean' value for the Moon's radius introduces a problem in predicting the true character and duration of umbral eclipses, particularly total eclipses. A total eclipse can be defined as an eclipse in which the Sun's disk is completely occulted by the Moon. This cannot occur so long as any photospheric rays are visible through deep valleys along the Moon's limb [Meeus, Grosjean and Vanderleen, 1966]. But the use of the IAU's mean **k** guarantees that some annular or annular-total eclipses will be misidentified as total. A case in point is the eclipse of 3 October 1986. The *Astronomical Almanac* identified this event as a total eclipse of 3 seconds duration when it was, in fact, a beaded annular eclipse. Clearly, a smaller value of **k** is needed since it is more representative of the deeper lunar valley floors, hence the minimum solid disk radius and helps ensure that an eclipse is truly total.

Of primary interest to most observers are the times when central eclipse begins and ends (second and third contacts, respectively) and the duration of the central phase. When the IAU's mean value for **k** is used to calculate these times, they must be corrected to accommodate low valleys (total) or high mountains (annular) along the Moon's limb. The calculation of these corrections is not trivial but must be performed, especially if one plans to observe near the path limits [Herald, 1983]. For observers near the center line of a total eclipse, the limb corrections can be more closely approximated by using a smaller value of **k** which accounts for the valleys along the profile.

This publication uses IAU's accepted value of k=0.2725076 for all penumbral (exterior) contacts. In order to avoid eclipse type misidentification and to predict central durations which are closer to the actual durations at total eclipses, we depart from convention by adopting the smaller value of k=0.272281 for all umbral (interior) contacts. This is consistent with predictions in *Fifty Year Canon of Solar Eclipses: 1986 - 2035* [Espenak, 1987]. Consequently, the smaller **k** produces shorter umbral durations and narrower paths for total eclipses when compared with calculations using the IAU value for **k**. Similarly, a smaller **k** predicts longer umbral durations and wider paths for annular eclipses than does the IAU's **k**.

LUNAR LIMB PROFILE

Eclipse contact times, the magnitude and the duration of totality all ultimately depend on the angular diameters and relative velocities of the Moon and Sun. Unfortunately, these calculations are limited in accuracy by the departure of the Moon's limb from a perfectly circular figure. The Moon's surface exhibits a rather dramatic topography, which manifests itself as an irregular limb when seen in profile. Most eclipse calculations assume some mean lunar radius that averages high mountain peaks and low valleys along the Moon's rugged limb. Such an approximation is acceptable for many applications, but if higher accuracy is needed, the Moon's actual limb profile must be considered. Fortunately, an extensive body of knowledge exists on this subject in the form of Watts' limb charts [Watts, 1963]. These data are the product of a photographic survey of the marginal zone of the Moon and give limb profile heights with respect to an adopted smooth reference surface (or datum). Analyses of lunar occultations of stars by Van Flandern [1970] and Morrison [1979] have shown that the average cross-section of Watts' datum is slightly elliptical rather than circular. Furthermore, the implicit center of the datum (i.e. - the center of figure) is displaced from the Moon's center of mass. In a follow-up analysis of 66000 occultations, Morrison and Appleby [1981] have found that the radius of the datum appears to vary with libration. These variations produce systematic errors in Watts' original limb profile heights that attain 0.4 arc-seconds at some position angles. Thus, corrections to Watts' limb profile data are necessary to ensure that the reference datum is a sphere with its center at the center of mass.

The Watts charts have been digitized by Her Majesty's Nautical Almanac Office in Herstmonceux, England, and transformed to grid-profile format at the U. S. Naval Observatory. In this computer readable form, the Watts limb charts lend themselves to the generation of limb profiles for any lunar libration. Ellipticity and libration corrections may be applied to refer the profile to the Moon's center of mass. Such a profile can then be used to correct eclipse predictions which have been generated using a mean lunar limb.

Along the 1997 eclipse path, the Moon's topocentric libration (physical + optical libration) in longitude ranges from l=+1.7° to l=+1.0°. Thus, a limb profile with the appropriate libration is required in any detailed analysis of contact times, central durations, etc.. Nevertheless, a profile with an intermediate libration is valuable for general planning purposes. The lunar limb profile presented in Figure 5 includes corrections for center of mass and ellipticity [Morrison and Appleby, 1981]. It is generated for 1:00 UT, which corresponds to the eastern Russia near the Mongolian border. The Moon's topocentric libration in longitude is l=+1.55°, and the topocentric semi-diameters of the Sun and Moon are 966.5 and 1005.8 arc-seconds, respectively. The Moon's angular velocity with respect to the Sun is 0.495 arc-seconds per second.

The radial scale of the limb profile in Figure 5 (at bottom) is greatly exaggerated so that the true limb's departure from the mean lunar limb is readily apparent. The mean limb with respect to the center of figure of Watts' original data is shown (dashed) along with the mean limb with respect to the center of mass (solid). Note that all the predictions presented in this publication are calculated with respect to the latter limb unless otherwise noted. Position angles of various lunar features can be read using the protractor in the center of the diagram. The position angles of all four contact points are clearly marked along with the north pole of the Moon's axis of rotation and the observer's zenith at mid-totality. The dashed line arrows identify the points on the limb which define the northern and southern limits of the path. To the upper left of the profile are the Sun's topocentric coordinates at maximum eclipse. They include the right ascension **R.A.**, declination **Dec.**, semi-diameter **S.D.** and horizontal parallax **H.P.**. The corresponding topocentric coordinates for the Moon are to the upper right. Below and left of the profile are the geographic coordinates of the center line at 1:00 UT while the times of the four eclipse contacts at that location appear to the lower right. Directly below the profile are the local circumstances at maximum eclipse. They include the Sun's altitude and azimuth, the path width, and central duration. The position angle of the path's northern/southern limit axis is **PA(N.Limit)** and the angular velocity of the Moon with respect to the Sun is **A.Vel.(M:S)**. At the bottom left are a number of parameters used in the predictions, and the topocentric lunar librations appear at the lower right.

In investigations where accurate contact times are needed, the lunar limb profile can be used to correct the nominal or mean limb predictions. For any given position angle, there will be a high mountain (annular eclipses) or a low valley (total eclipses) in the vicinity that ultimately determines the true instant of contact. The difference, in time, between the Sun's position when tangent to the contact point on the mean limb and tangent to the highest mountain (annular) or lowest valley (total) at actual contact is the desired correction to the predicted contact time. On the exaggerated radial scale of Figure 5, the Sun's limb can be represented as an epicyclic curve that is tangent to the mean lunar limb at the point of contact and departs from the limb by **h** through the following equation.

$$h = S(m-1)(1-\cos[C]) \qquad [6]$$

where: h = departure of Sun's limb from mean lunar limb
S = Sun's semi-diameter
m = eclipse magnitude
C = angle from the point of contact

Herald [1983] has taken advantage of this geometry to develop a graphical procedure for estimating correction times over a range of position angles. Briefly, a displacement curve of the Sun's limb is constructed on a transparent overlay by way of equation [6]. For a given position angle, the solar limb overlay is moved radially from the mean lunar limb contact point until it is tangent to the lowest lunar profile feature in the vicinity. The solar limb's distance d (arc-seconds) from the mean lunar limb is then converted to a time correction Δ by:

$$\Delta = d\, v\, \cos[X - C] \qquad [7]$$

where: Δ = correction to contact time (seconds)
d = distance of Solar limb from Moon's mean limb (arc-sec)
v = angular velocity of the Moon with respect to the Sun (arc-sec/sec)
X = center line position angle of the contact
C = angle from the point of contact

This operation may be used for predicting the formation and location of Baily's beads. When calculations are performed over a large range of position angles, a contact time correction curve can then be constructed.

Since the limb profile data are available in digital form, an analytic solution to the problem is possible that is straightforward and quite robust. Curves of corrections to the times of second and third contact for most position angles have been computer generated and are plotted in Figure 5. In interpreting these curves, the circumference of the central protractor functions as the nominal or mean contact time (i.e. - calculated using the Moon's mean limb) as a function of position angle. The departure of the correction curve from the mean contact time can then be read directly from Figure 5 for any position angle by using the radial scale at bottom right (units in seconds of time). Time corrections external to the protractor (about half of all second contact corrections) are added to the mean contact time; time corrections internal to the protractor (all third contact corrections) are subtracted from the mean contact time.

Throughout Asia, the Moon's topocentric libration in longitude at maximum eclipse is within 0.3° of its value at 1:00 UT. Therefore, the limb profile and contact correction time curves in Figure 5 may be used in all but the most critical investigations.

LIMB CORRECTIONS TO THE PATH LIMITS: GRAZE ZONES

The northern and southern umbral limits provided in this publication were derived using the Moon's center of mass and a mean lunar radius. They have not been corrected for the Moon's center of figure or the effects of the lunar limb profile. In applications where precise limits are required, Watts' limb data must be used to correct the nominal or mean path. Unfortunately, a single correction at each limit is not possible since the Moon's libration in longitude and the contact points of the limits along the Moon's limb each vary as a function of time and position along the umbral path. This makes it necessary to calculate a unique correction to the limits at each point along the path. Furthermore, the northern and southern limits of the umbral path are actually paralleled by a relatively narrow zone where the eclipse is neither penumbral nor umbral. An observer positioned here will witness a slender solar crescent that is fragmented into a series of bright beads and short segments whose morphology changes quickly with the rapidly varying geometry of the Moon with respect to the Sun. These beading phenomena are caused by the appearance of photospheric rays that alternately pass through deep lunar valleys and hide behind high mountain peaks as the Moon's irregular limb grazes the edge of the Sun's disk. The geometry is directly analogous to the case of grazing occultations of stars by the Moon. The graze zone is typically five to ten kilometers wide and its interior and exterior boundaries can be predicted using the lunar limb profile. The interior boundaries define the actual limits of the umbral eclipse (both total and annular) while the exterior boundaries set the outer limits of the grazing eclipse zone.

Table 6 provides topocentric data and corrections to the path limits due to the true lunar limb profile. At five minute intervals, the table lists the Moon's topocentric horizontal parallax, semi-diameter, relative angular velocity of the Moon with respect to the Sun and lunar libration in longitude. The Sun's center line altitude and azimuth is given, followed by the azimuth of the umbral path. The position angle of the point on the Moon's limb which defines the northern limit of the path is measured counter-clockwise (i.e. - eastward) from the north point on the limb. The path corrections to the northern and southern limits are listed as interior and exterior components in order to define the graze zone. Positive corrections are in the northern sense while negative shifts are in the southern sense. These corrections (minutes of arc in latitude) may be added directly to the path coordinates listed in Table 3. Corrections to the center line umbral durations due to the lunar limb profile are also included and they are all negative. Thus, when added to the central durations given in Tables 3, 4, 5 and 7, a slightly shorter central total phase is predicted.

SAROS HISTORY

The total eclipse of 1997 March 9 is the sixtieth member of saros series 120 (Table 13), as defined by van den Bergh [1955]. All eclipses in the series occur at the Moon's descending node and gamma[8] increases with each member in the series. The family is at a mature stage having begun with a partial eclipse at high southern hemisphere latitudes (near the pole) on 933 May 27. During the first century, seven partial eclipses occurred with the eclipse magnitude of each succeeding event gradually increasing. Finally, the first umbral eclipse occurred on 1059 August 11. The event was a six minute annular eclipse and had a remarkable 765 kilometer wide path which passed through Antarctica and the Indian Ocean. During the next four centuries, the series continued to produce annular eclipses whose maximum durations gradually decreased as each path shifted further and further north. The eclipse path of 1510 May 8 included both annular and total segments as the nature of the series began to metamorphose. The events of 1528 May 18 and 1546 May 29 were also annular/total eclipses with ever increasing total durations. The first completely total eclipse of the series occurred on 1564 June 8 over open ocean in the Pacific.

The path of each succeeding eclipse continued to shift north as the umbral duration gradually exceeded two minutes. This trend ended after the total eclipse of 1672 August 22. This was due primarily to Earth's passage through the Autumnal Equinox which tilted northern latitudes above Earth's geocenter faster than the progression of eclipse paths in the saros series. By 1870 December 22, the eclipse paths were once again shifting northward. This particular eclipse is of historical interest in that it passed through southern Spain where a number of scientific expeditions were sent to make observations of the event. The French astronomer Pierre Jules Janssen escaped the German siege of Paris in a balloon in order to travel to Algiers for the eclipse. Unfortunately, his observations were thwarted by clouds. U. S. astronomer Charles A. Young was more successful in Spain where his observations revealed that the chromosphere is responsible for producing both the flash spectrum and dark line spectrum observed in the Sun's photosphere.

Three saros cycles later, the famous New York City eclipse occurred on 1925 January 24. Since it was known that the southern limit of this total eclipse passed somewhere through Manhattan, it was possible to pin down the exact limit to between 95th and 97th Streets by stationing observers at every intersection between 72nd and 135th Streets. The total eclipse of 1961 February 15 was widely viewed through southern Europe. The most recent member of saros 120 occurred in the Pacific Northwest on 1979 February 26. The path of totality passed through parts of Washington, Oregon, Montana and Manitoba.

After 1997, there are only two more total eclipses in the series (Figure 6). The eclipse of 2015 March 20 occurs in the North Atlantic where its broad track passes between Great Britain and Iceland. The path includes Svalbard Island before literally ending at the North Pole. Finally, the last central eclipse of saros 120 takes place on 2033 March 30. This 778 kilometer wide path begins in eastern most Siberia and covers the Bering Strait and the northern half of Alaska. From Nome, the two and a half minute total phase will occur with the Sun just 7° above the horizon. The remaining nine eclipses are all visible from high northern latitudes, each event with a progressively smaller magnitude. The series ends with the partial eclipse of 2195 July 7. A detailed list of eclipses in saros series 120 appears in table 13.

In summary, Saros series 120 includes 71 eclipses with the following distribution:

Saros 120	*Partial*	*Annular*	*Ann/Total*	*Total*
Non-Central	16	0	0	0
Central	—	25	3	27

---

[8] Minimum distance of the Moon's shadow axis from Earth's center in units of equatorial Earth radii. Gamma defines the instant of greatest eclipse and takes on negative values south of the Earth's center.

WEATHER PROSPECTS FOR THE ECLIPSE

OVERVIEW

Siberian winters are legendary for their length and low temperatures. Though March comes when the icy grip is starting to relax, the thermometer will still be one of the major elements in selection of an observing site. Over the northeastern portion of the track where cloud cover is lightest (Figure 7), average nighttime temperatures dip below –40° C. This will be a morning eclipse throughout Asia, so temperatures will be closer to the daily low than to the high.

During winter, most of the eclipse track is dominated by the Asiatic anticyclone (high) which typically lies southwest of Lake Baikal, virtually atop the eastern portion of the eclipse path. Air inside this high pressure cell is subsiding and flowing outward, so that persistent westerly and southwesterly winds will dominate the Mongolian and Lake Baikal portions of the eclipse track. Farther to the north, toward the Arctic coast, prevailing winds adopt a more easterly character.

The Siberian high is not a very deep structure, extending only 1 to 2 kilometers above the surface. The westerly surface winds are replaced aloft by a persistent stream of north and northwest winds which pump a continuous supply of Arctic air toward the eclipse track. Low pressure disturbances must force their way around the stubborn high, typically passing south of the Yakutsk area (60° N) on their way to the Sea of Okhotsk. Warm and cold fronts attached to these lows stretch southward toward the eclipse track and bring much of the springtime cloud cover to Mongolia. The cloud is modified by the mountainous terrain which dominates much of the early part of the track.

Over Mongolia, the gnawing cold of the Siberian winter is much subdued, and March begins to see the daytime highs flirting with the freezing point. The anticyclonic influence is characterized by strong surface inversions, which bring ground temperatures that are 10 degrees colder than those a kilometer above. The beginning portions of the eclipse must cross the Altai Mountains of western Mongolia, with peaks rising to 3500 meters (from valleys lying at about 800 meters). The persistent westerly winds approaching the Ulaanbaatar area are thus descending from higher ground and serve to bring a slightly sunnier climate to the capital than might otherwise be the case.

MONGOLIA

This is a cold weather eclipse, and the best sites will be determined by the temperature rather than the cloud cover. Mongolia is likely to be the first choice of most eclipse observers largely for this reason. Furthermore, the center line here is relatively accessible and passes 200 kilometers north of the capital of Ulaanbaatar. The capital has an average daytime high just below the freezing mark, but since the eclipse occurs at mid-morning, the overnight low of –18° C is perhaps more relevant. Since the average overnight low is a combination of measurements collected from warmer cloudy nights and colder clear nights, eclipse observers blessed with clear skies on March 9 can probably anticipate colder temperatures than –18° C, though with luck, not as low as the record –40's C which also distinguish this region.

Mean cloud cover, derived from satellite imagery, is close to 50% for north central Mongolia with a little less cloud to the west over the Altai Mountains and a little more along the Russian border and the area east of Lake Baikal (Figure 7). Statistics from the U. S. Air Force Worldwide Airfield Summaries (Table 14) show that the Ulaanbaatar area has an average of 14 days in March with sunny skies (less than 3/10ths cloud) and good visibilities. Depending on the type of cloud, eclipse observations might be possible with up to half the sky covered. Sunshine statistics for stations along the eclipse track typically show 55% to 65% of the maximum possible hours. All of these factors suggest that the probability of seeing the eclipse in Mongolia is a little above 60%.

Thanks to the very strong anticyclonic center guarding the westerly approaches to Mongolia and the Himalayas to the south, low pressure systems are infrequent over the eclipse track. Instead, cloud cover which does reach the area generally arrives with upper level fronts attached to lows passing well to the north. These warm air disturbances are lifted off the ground, unable to dislodge the cold air masses at the surface. Cloud cover tends to be higher based altos and cirrus types rather than low level stratus and fog. The warmer temperatures which accompany this cloudiness may raise the mercury to the –20° C mark in midwinter, a phenomenon known as a Tuva thaw for that part of Russia at the north limit of the eclipse!

Stratus and stratocumulus clouds form over the Ulaanbaatar area infrequently during the spring months, with only 9% of the hourly reports indicating this type of cloud. It is found more frequently in the valleys of the Altai Mountains where 22% to 26% of reports mention it. However, when stratus types are reported, they tend to be relatively heavy, covering half to two-thirds of the sky.

Mid-level altostratus and altocumulus clouds are reported in 38% of the observations from the capital and up to 50% over the Altai Mountains. They also tend to bring relatively heavy cover, similar to the lower clouds. Cirrus level clouds have similar frequencies and amounts, as they usually accompany the mid level clouds when weather systems are passing overhead. Watch for cloud approaching from the north and northwest on eclipse day, as this is the prevailing wind direction aloft. If a rare low pressure system is moving toward the eclipse track, keep a weather eye on the west.

Completely clear skies are reported about 20% of the time at Ulaanbaatar and about 5% less over the Altai Mountains. With spring sunshine, mountain valleys warm very quickly and chinook winds often develop which can fill the air with sand and dust. This season is just beginning at eclipse time.

RUSSIA - THE LAKE BAIKAL AREA

Just over the border from Mongolia, the eclipse track begins to turn northward, nudging past the border with China. One of the routes to the eclipse track is overland from Harbin in Manchuria to the Russian city of Cita. The center line of the eclipse passes just south of Cita, but the overland trip will be a difficult one, crossing two mountain ranges along the way. Figure 7 and table 14 suggest that there is little to be gained in this area from a weather perspective. Cloud cover improves slightly but temperatures fall, as seen in the statistics for Nerchinskiy Zavo, which can be compared to those at Ulaanbaatar in table 14. Winters are cold, with a thin snow cover and a high frequency of clear skies. These conditions continue northeast along the eclipse track as far as 55°N, where access by way of the Trans-Siberian Express comes to an end when the railway route turns southeastward toward Vladivostok.

RUSSIA - NORTHEASTERN SIBERIA

This area is the coldest in the northern hemisphere, surpassed elsewhere only in the interior parts of Antarctica. In March, the springtime sun is beginning to bring some welcome heat to the frigid landscape, but mean temperatures still fall below –40° C in the lingering nights and records reach a cutting –60° C or lower. Telescopes are difficult, if not impossible, to handle in these kinds of temperatures, and travel, even in convoy, is uncomfortable and occasionally risky. Vehicles must be kept running at all times as it is unlikely that one which has cooled will be able to be started again without great difficulty.

Electrical batteries retain only about 20% of their energy at –30° C, and less as the temperature creeps lower. At the colder temperatures, telescopes will have to be operated manually. Film will break as it winds forward and static electricity will leave hidden lightning strikes across the image, to be revealed at development. Unless you are very experienced or very adventuresome, the northern reaches of this eclipse are best left for visual observations at an urban site which lies within the umbral path and which provides at least a minimum of creature comforts. The only good access is along the highway which connects Magadan on the Pacific coast with Yakutsk in the interior. At this latitude, cloud cover should be at its very best: mean amounts near 20%.

Dumakon is very nearly on the center line. Its statistics for sunshine in table 14 look suspiciously low, but most of the reduction is likely due to ice fog, brought on by the exhaust of vehicles and aircraft. It can cut visibility sharply in the cold Arctic air, but is usually only a few meters thick, and not likely to have a great effect on views of the eclipse.

One of the beautiful aspects of Arctic air masses is the presence of ice crystals which can bring spectacular haloes around the Sun and Moon. Eclipse observing may or may not be enhanced by their presence, depending mostly on their intensity and the altitude of the Sun at your site. Warmer air aloft after the passage of a cold front will help their formation. On quiet nights their barely audible rustling is known as "the whisper of the stars" by the Yakuts.

CLOUD COVER VERSES SUN ALTITUDE

The cloud cover statistics presented here do not take into account the slanted line of sight for the Sun at low altitudes. As you approach the horizon, cloud obscuration depends on two parameters: the horizontal and vertical extents of cloud. As you move toward the zenith, the vertical component becomes much less important, until, when it is overhead, the only thing that matters is the horizontal dimension.

Unfortunately, there is no reasonable way to estimate these parameters, since the vertical depth depends on the type of cloudiness. Cloud statistics do exist which could be reconstituted into a horizon cloud index, but it would be very probabilistic in nature - a 10% chance of overcast, 50% chance of some broken amount and so on. Cloud depth is also required, although it would only be a rough estimate.

We plan to investigate this subject in greater detail in the next solar eclipse bulletin.

Observing the Eclipse

Eye Safety During Solar Eclipses

The Sun can be viewed safely with the naked eye only during the few brief seconds or minutes of a *total* solar eclipse. Partial eclipses, annular eclipses, and the partial phases of total eclipses are *never* safe to watch without taking special precautions. Even when 99% of the Sun's surface is obscured during the partial phases of a total eclipse, the remaining photospheric crescent is intensely bright and cannot be viewed safely without eye protection [Chou, 1981; Marsh, 1982]. *Do not attempt to observe the partial or annular phases of any eclipse with the naked eye. Failure to use appropriate filtration may result in permanent eye damage or blindness!*

Generally, the same equipment, techniques and precautions used to observe the Sun outside of eclipse are required for partial and annular eclipses [Reynolds & Sweetsir, 1995; Pasachoff & Covington, 1993; Pasachoff & Menzel, 1992; Sherrod, 1981]. The safest and most inexpensive of these methods is by projection, in which a pinhole or small opening is used to cast the image of the Sun on a screen placed a half-meter or more beyond the opening. Projected images of the Sun may even be seen on the ground in the small openings created by interlacing fingers, or in the dappled sunlight beneath a leafy tree. Binoculars can also be used to project a magnified image of the Sun on a white card, but you must avoid the temptation of using these instruments for direct viewing.

The Sun can be viewed directly only when using filters specifically designed for this purpose. Such filters usually have a thin layer of aluminum, chromium or silver deposited on their surfaces that attenuates both visible and infrared energy. One of the most widely available filters for safe solar viewing is a number 14 welder's glass, available through welding supply outlets. More recently, aluminized mylar has become a popular, inexpensive alternative. Mylar can easily be cut with scissors and adapted to any kind of box or viewing device. A number of sources for solar filters are listed below. No filter is safe to use with any optical device (i.e. - telescope, binoculars, etc.) unless it has been specifically designed for that purpose. Experienced amateur and professional astronomers may also use one or two layers of completely exposed and fully developed black-and-white film, provided the film contains a silver emulsion. Since all developed color films lack silver, they are always unsafe for use in solar viewing.

Unsafe filters include color film, some non-silver black and white film, smoked glass, photographic neutral density filters and polarizing filters. Solar filters designed to thread into eyepieces which are often sold with inexpensive telescopes are also dangerous. They should not be used for viewing the Sun at any time since they often crack from overheating. Do not experiment with other filters unless you are certain that they are safe. Damage to the eyes comes predominantly from invisible infrared wavelengths. The fact that the Sun appears dark in a filter or that you feel no discomfort does not guarantee that your eyes are safe. Avoid all unnecessary risks. Your local planetarium or amateur astronomy club is a good source for additional information. In spite of these precautions, the *total* phase of an eclipse can and should be viewed without any filters what so ever.

Sources for Solar Filters

The following is a brief list of sources for mylar and/or glass filters specifically designed for safe solar viewing with or without a telescope. The list is not meant to be exhaustive, but is simply a representative sample of sources for solar filters currently available in the United States. For additional sources, see advertisements in *Astronomy* and/or *Sky & Telescope* magazines. The inclusion of any source on this list does not imply an endorsement of that source by either of the authors or NASA.

- ABELexpress - Astronomy Division, 230-Y E. Main St., Carnegie, PA 15106.   (412) 279-0672
- Celestron International, 2835 Columbia St., Torrance, CA 90503.   (310) 328-9560
- Edwin Hirsch, 29 Lakeview Dr., Tomkins Cove, NY 10986.   (914) 786-3738
- Meade Instruments Corporation, 16542 Millikan Ave., Irvine, CA 92714.   (714) 756-2291
- Orion Telescope Center, 2450 17th Ave., PO Box 1158-S, Santa Cruz, CA 95061.   (408) 464-0446
- Pocono Mountain Optics, R.R. 6, Box 6329, Moscow, PA 18444.   (717) 842-1500
- Rainbow Symphony, Inc., 6860 Canby Ave., #120, Resenda, CA 91335   (510) 581-8266
- Roger W. Tuthill, Inc., 11 Tanglewood Lane, Mountainside, NJ 07092.   (908) 232-1786
- Thousand Oaks Optical, Box 5044-289, Thousand Oaks, CA 91359.   (805) 491-3642

ECLIPSE PHOTOGRAPHY

The eclipse may be safely photographed provided that the above precautions are followed. Almost any kind of camera with manual controls can be used to capture this rare event. However, a lens with a fairly long focal length is recommended to produce as large an image of the Sun as possible. A standard 50 mm lens yields a minuscule 0.5 mm image, while a 200 mm telephoto or zoom produces a 1.9 mm image. A better choice would be one of the small, compact catadioptic or mirror lenses that have become widely available in the past ten years. The focal length of 500 mm is most common among such mirror lenses and yields a solar image of 4.6 mm. With one solar radius of corona on either side, an eclipse view during totality will cover 9.2 mm. Adding a 2x tele-converter will produce a 1000 mm focal length, which doubles the Sun's size to 9.2 mm. Focal lengths in excess of 1000 mm usually fall within the realm of amateur telescopes. If full disk photography of partial phases on 35 mm format is planned, the focal length of the optics must not exceed 2600 mm. However, since most cameras don't show the full extent of the image in their viewfinders, a more practical limit is about 2000 mm. Longer focal lengths permit photography of only a magnified portion of the Sun's disk. In order to photograph the Sun's corona during totality, the focal length should be no longer than 1500 mm to 1800 mm (for 35 mm equipment). However, a focal length of 1000 mm requires less critical framing and can capture some of the longer coronal streamers. For any particular focal length, the diameter of the Sun's image is approximately equal to the focal length divided by 109 (Table 15).

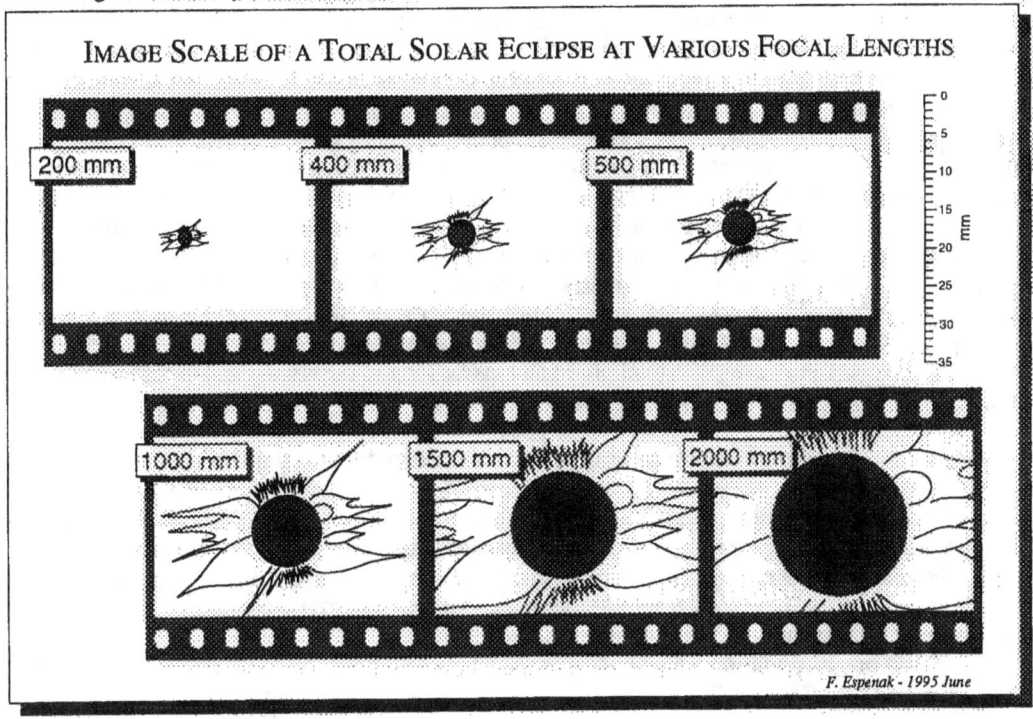

A mylar or glass solar filter must be used on the lens throughout the partial phases for both photography and safe viewing. Such filters are most easily obtained through manufacturers and dealers listed in *Sky & Telescope* and *Astronomy* magazines (see: Appendix 1). These filters typically attenuate the Sun's visible and infrared energy by a factor of 100,000. However, the actual filter factor and choice of ISO film speed will play critical roles in determining the correct photographic exposure. A low to medium speed film is recommended (ISO 50 to 100) since the Sun gives off abundant light. The easiest method for determining the correct exposure is accomplished by running a calibration test on the uneclipsed Sun. Shoot a roll of film of the mid-day Sun at a fixed aperture (f/8 to f/16) using every shutter speed between 1/1000 and 1/4 second. After the film is developed, note the best exposures and use them to photograph all the partial phases. The Sun's surface brightness remains constant throughout the eclipse, so no exposure compensation is necessary except for the narrow crescent phases which may require two more stops due to solar limb darkening. Bracketing by several stops may also be necessary if haze or clouds interfere on eclipse day.

Certainly the most spectacular and awe inspiring phase of the eclipse is totality. For a few brief minutes or seconds, the Sun's pearly white corona, red prominences and chromosphere are visible. The great challenge is to obtain a set of photographs which captures some aspect of these fleeting phenomena. The most important point to remember is that during the total phase, all solar filters *must be removed!* The corona has a surface brightness a million times fainter than the photosphere, so photographs of the corona are made without a filter. Furthermore, it is completely safe to view the totally eclipsed Sun directly with the naked eye. No filters are needed and they will only hinder your view. The average brightness of the corona varies inversely with the distance from the Sun's limb. The inner corona is far brighter than the outer corona. Thus, no one exposure can capture its the full dynamic range. The best strategy is to choose one aperture or f/number and bracket the exposures over a range of shutter speeds (i.e. - 1/1000 down to 1 second). Rehearsing this sequence is highly recommended since great excitement accompanies totality and there is little time to think.

Exposure times for various combinations of film speeds (ISO), apertures (f/number) and solar features (chromosphere, prominences, inner, middle and outer corona) are summarized in Table 16. The table was developed from eclipse photographs made by Espenak as well as from photographs published in *Sky and Telescope*. To use the table, first select the ISO film speed in the upper left column. Next, move to the right to the desired aperture or f/number for the chosen ISO. The shutter speeds in that column may be used as starting points for photographing various features and phenomena tabulated in the 'Subject' column at the far left. For example, to photograph prominences using ISO 100 at f/11, the table recommends an exposure of 1/500. Alternatively, you can calculate the recommended shutter speed using the 'Q' factors tabulated along with the exposure formula at the bottom of Table 16. Keep in mind that these exposures are based on a clear sky and an average corona. You should bracket your exposures one or more stops to take into account the actual sky conditions and the variable nature of these phenomena.

Another interesting way to photograph the eclipse is to record its various phases all on one frame. This is accomplished by using a stationary camera capable of making multiple exposures (check the camera instruction manual). Since the Sun moves through the sky at the rate of 15 degrees per hour, it slowly drifts through the field of view of any camera equipped with a normal focal length lens (i.e. - 35 to 50 mm). If the camera is oriented so that the Sun drifts along the frame's diagonal, it will take over three hours for the Sun to cross the field of a 50 mm lens. The proper camera orientation can be determined through trial and error several days before the eclipse. This will also insure that no trees or buildings obscure the camera's view during the eclipse. The Sun should be positioned along the eastern (left in the northern hemisphere) edge or corner of the viewfinder shortly before the eclipse begins. Exposures are then made throughout the eclipse at ~five minute intervals. The camera must remain perfectly rigid during this period and may be clamped to a wall or fence post since tripods are easily bumped. If you're in the path of totality, you'll want to remove the solar filter during the total phase and take a long exposure (~1 second) in order to record the corona in your sequence. The final photograph will consist of a string of Suns, each showing a different phase of the eclipse.

Finally, an eclipse effect that is easily captured with point-and-shoot or automatic cameras should not be overlooked. Punch a series of pinholes in a piece of cardboard and hold it several feet above a second piece of white cardboard. The holes act like pinhole cameras and each one projects its own tiny image of the Sun. The effect can be duplicated by forming a small aperture with one's hands and watching the ground below. The pinhole camera effect becomes more prominent with increasing eclipse magnitude. Virtually any camera can be used to photograph the phenomenon, but automatic cameras must have their flashes turned off since this would otherwise obliterate the pinhole images.

For more information on eclipse photography, observations and eye safety, see FURTHER READING in the BIBLIOGRAPHY.

DRESSING FOR COLD WEATHER

Cold weather requires considerable care in dressing. The secret is to use loose layers of clothing, leaving lots of room for air pockets to trap heat where it is wanted. Never underestimate the penetrating power of the cold - you may be able to walk about at –20° C at home, but you will be much less active during an eclipse and the cold will penetrate after an hour or so. Wear thermal underwear, pants and an outer covering (skidoo pants or even carpenter's coveralls) on your legs. A good winter jacket, preferably down-filled, will keep you warm above, but layers of undershirts, shirts, and sweaters, covered by a winter coat will do. Big friends with large ski jackets will help here, but ski wear is not suitable by itself to handle the low level of activity when observing in the cold.

Feet deserve special attention, but the technique is similar to other parts of the body. Use layers: socks, woolen work socks, down or woolen booties, then a large pair of winter boots to cover it all. Try to keep it loose if possible to trap warm air and allow your feet to move and warm up. Don't neglect the underside of your feet - pick boots with a good thick insole to block cold coming up through the bottom.

Gloves should be thin to handle the small parts of the telescope, but your hands will probably be cold nevertheless. Thin gloves under a larger pair of mitts work best. Mitts with one or two fingers (usually sold in hunting shops) are warmest, and fingers can easily be extracted from the mitt to adjust telescopes and cameras. Watch out for cold metal surfaces on eyepieces and mountings. More than one eyelash has succumbed to contact with an eyepiece, and exhalation in the wrong direction can fog an eyepiece for several minutes. Keep a spare one warm in an interior pocket just in case.

Heads and ears should be covered, but a simple scarf will do if more substantial clothing is not part of your regular wardrobe. Hoods are better, but they will probably be pushed back out of the way during the eclipse so have a thin toque or other covering for the critical moments. Be prepared to take a few minutes before second contact to jump about and warm up so that you are prepared and warm enough for totality. You might look a little foolish flapping your arms and running about, but the warmth it generates will do wonders for your comfort during the critical moments.

SKY AT TOTALITY

The total phase of an eclipse is accompanied by the onset of a rapidly darkening sky whose appearance resembles evening twilight about 30 or 40 minutes after sunset. The effect presents an excellent opportunity to view planets and bright stars in the daytime sky. Aside from the sheer novelty of it, such observations are useful in gauging the apparent sky brightness and transparency during totality. The Sun is in Aquarius and a number of planets and bright stars will be above the horizon for observers within the umbral path. Figure 8 depicts the appearance of the sky during totality as seen from the center line at 1:00 UT. This corresponds to eastern Russia near the northeast border of Mongolia. Venus is the brightest planet and can actually be observed in broad daylight provided that the sky is cloud free and of high transparency (i.e. - no dust or particulates). During the 1997 eclipse, Venus is located 6° west of the Sun and is rapidly approaching superior conjunction at month's end. Look for the planet during the partial phases by first covering the crescent Sun with an extended hand. During totality, it will be impossible to miss Venus since it shines at a magnitude of $m_V=-3.4$. Although two magnitudes fainter at $m_V=-1.3$, Mercury will also be well placed just 3° west of the Sun. In fact, Mercury passes superior conjunction two days after the eclipse. Together, Venus and Mercury should form a striking pair during totality. Jupiter will be another prominent planet located 38° west of the Sun and shining at $m_V=-1.5$. Under good conditions, it may be possible to spot Jupiter 5 to 10 minutes before totality. Finally, Saturn is located 19° east of the Sun at $m_V=+0.4$, making it the most difficult planet to spot. Mars is just past opposition and will be below the horizon during the eclipse. A number of the brightest summer stars may also be visible during totality. The summer triangle composed of Altair ($m_V=+0.77$), Deneb ($m_V=+1.25$), and Vega ($m_V=+0.03$), will be nearly overhead to the south. Twenty degrees above the western horizon lies Arcturus ($m_V=-0.04$), while Capella ($m_V=+0.08$) stands twelve degrees high to the north northeast.

The following ephemeris [using Bretagnon and Simon, 1986] gives the positions of the naked eye planets during the eclipse. **Delta** is the distance of the planet from Earth (A.U.'s), **V** is the apparent visual magnitude of the planet, and **Elong** gives the solar elongation or angle between the Sun and planet. Note that Mars is near opposition and will be below the horizon for all observers during the eclipse.

```
Planetary Ephemeris:  1997 Mar  9    01:00 UT       Equinox = Mean Date

Planet      RA          Dec         Delta      V      Size   Phase   Elong

Sun       23h17m42s   -04°32'53"    0.99290   -26.7  1933.0    -       -
Mercury   23h11m43s   -07°08'50"    1.36922    -1.3     4.9   1.00    3.0W
Venus     22h57m00s   -08°14'21"    1.70648    -3.4     9.8   0.99    6.3W
Mars      12h05m45s   +03°30'40"    0.67434    -1.0    13.9   1.00  168.0W
Jupiter   20h52m27s   -18°01'41"    5.85974    -1.5    33.6   1.00   38.0W
Saturn    00h31m09s   +00°58'27"   10.38375     0.4    15.9   1.00   19.2E
```

CONTACT TIMINGS FROM THE PATH LIMITS

Precise timings of beading phenomena made near the northern and southern limits of the umbral path (i.e. - the graze zones), are of value in determining the diameter of the Sun relative to the Moon at the time of the eclipse. Such measurements are essential to an ongoing project to monitor changes in the solar diameter. Due to the conspicuous nature of the eclipse phenomena and their strong dependence on geographical location, scientifically useful observations can be made with relatively modest equipment. A small telescope, short wave radio and portable camcorder are usually used to make such measurements. Time signals are broadcast via short wave stations WWV and CHU, and are recorded simultaneously as the eclipse is videotaped. If a video camera is not available, a tape recorder can be used to record time signals with verbal timings of each event. Inexperienced observers are cautioned to use great care in making such observations. The safest timing technique consists of observing a projection of the Sun rather than directly imaging the solar disk itself. The observer's geodetic coordinates are required and can be measured from USGS or other large scale maps. If a map is unavailable, then a detailed description of the observing site should be included which provides information such as distance and directions of the nearest towns/settlements, nearby landmarks, identifiable buildings and road intersections. The method of contact timing should be described in detail, along with an estimate of the error. The precisional requirements of these observations are ±0.5 seconds in time, 1" (~30 meters) in latitude and longitude, and ±20 meters (~60 feet) in elevation. Although GPS's (Global Positioning Satellite receivers) are commercially available (~$500 US), their positional accuracy of ±100 meters is about three times larger than the minimum accuracy required by grazing eclipse measurements. The International Occultation Timing Association (IOTA) coordinates observers world-wide during each eclipse. For more information, contact:

>   Dr. David W. Dunham, IOTA
>   7006 Megan Lane
>   Greenbelt, MD 20770-3012   Phone: (301) 474-4722
>   U. S. A.   Internet: David_Dunham@jhuapl.edu

Send reports containing graze observations, eclipse contact and Baily's bead timings, including those made anywhere near or in the path of totality or annularity to:

>   Dr. Alan D. Fiala
>   Orbital Mechanics Dept.
>   U. S. Naval Observatory
>   3450 Massachusetts Ave., NW
>   Washington, DC 20392-5420

PLOTTING THE PATH ON MAPS

If high resolution maps of the umbral path are needed, the coordinates listed in Table 7 are conveniently provided at 1° increments of longitude to assist plotting by hand. The path coordinates in Table 3 define a line of maximum eclipse at five minute increments in Universal Time. It is also advisable to include lunar limb corrections to the northern and southern limits listed in Table 6, especially if observations are planned from the graze zones. Global Navigation Charts (1:5,000,000), Operational Navigation Charts (scale 1:1,000,000) and Tactical Pilotage Charts (1:500,000) of many parts of the world are published by the Defense Mapping Agency. In October 1992, the DMA discontinued selling maps directly to the general public. This service has been transferred to the National Ocean Service (NOS). For specific information about map availability, purchase prices, and ordering instructions, contact the NOS at:

>   National Ocean Service
>   Distribution Branch
>   N/GC33
>   6501 Lafayette Avenue
>   Riverdale, MD 20737, USA   Phone: 1-301-436-6990

It is also advisable to check the telephone directory for any map specialty stores in your city or metropolitan area. They often have large inventories of many maps available for immediate delivery.

Eclipse Data on Internet

NASA Eclipse Bulletins on Internet

Response to the first two NASA solar eclipse bulletins RP1301 (Annular Solar Eclipse of 1994 May 10) and RP1318 (Total Solar Eclipse of 1994 November 3) was overwhelming. Unfortunately, the demand quickly exceeded the limited number of bulletins printed with current levels of funding. To address this problem as well as allowing greater access to them, the eclipse bulletins were first made available via the Internet in April 1994. This was due entirely through the kind efforts and expertise of Dr. Joe Gurman (GSFC/Solar Physics Branch). All future eclipse bulletins will be available via Internet.

The NASA eclipse bulletins can be read or downloaded via the World-Wide Web server with a Mosaic or Netscape client from the GSFC SDAC (Solar Data Analysis Center) home page:

http://umbra.gsfc.nasa.gov/sdac.html

The top-level URL for the eclipse bulletins themselves are:

http://umbra.gsfc.nasa.gov/eclipse/940510/rp.html	(1994 May 10)
http://umbra.gsfc.nasa.gov/eclipse/941103/rp.html	(1994 Nov 3)
http://umbra.gsfc.nasa.gov/eclipse/951024/rp.html	(1995 Oct 24)
http://umbra.gsfc.nasa.gov/eclipse/970309/rp.html	(1997 Mar 9)

The original Microsoft Word text files and PICT figures (Macintosh format) are also available via anonymous ftp. They are stored as BinHex-encoded, StuffIt-compressed Mac folders with .hqx suffixes. For PC's, the text is available in a zip-compressed format in files with the .zip suffix. There are three sub directories for figures (GIF format), maps (JPEG format), and tables (html tables, easily readable as plain text). For example, NASA RP 1344 (Total Solar Eclipse of 1995 October 24 [=951024]) has a directory for these files is as follows:

file://umbra.gsfc.nasa.gov/pub/eclipse/951024/RP1344text.hqx	
file://umbra.gsfc.nasa.gov/pub/eclipse/951024/RP1344PICTs.hqx	
file://umbra.gsfc.nasa.gov/pub/eclipse/951024/ec951024.zip	
file://umbra.gsfc.nasa.gov/pub/eclipse/951024/figures	(directory with GIF's)
file://umbra.gsfc.nasa.gov/pub/eclipse/951024/maps	(directory with JPEG's)
file://umbra.gsfc.nasa.gov/pub/eclipse/951024/tables	(directory with html's)

Other eclipse bulletins have a similar directory format.

Current plans call for making all future NASA eclipse bulletins available over the Internet, at or before publication of each. The primary goal is to make the bulletins available to as large an audience as possible. Thus, some figures or maps may not be at their optimum resolution or format. Comments and suggestions are actively solicited to fix problems and improve on compatibility and formats.

Future Eclipse Paths on Internet

Presently, the NASA eclipse bulletins are published 18 to 24 months before each eclipse. This will soon be increased to 24 to 36 months or more. However, there have been a growing number of requests for eclipse path data with an even greater lead time. To accommodate the demand, predictions have been generated for all central solar eclipses from 1995 through 2000 using the JPL DE/LE 200 ephemerides. All predictions use the Moon's the center of mass; no corrections have been made to adjust for center of figure. The value used for the Moon's mean radius is k=0.272281. The umbral path characteristics have been predicted at 2 minute intervals of time compared to the 6 minute interval used in *Fifty Year Canon of Solar Eclipses: 1986-2035* [Espenak, 1987]. This should provide enough detail for making preliminary plots of the path on larger scale maps. Note that positive latitudes are north and positive longitudes are west.

The paths for the following seven eclipses are currently available via the Internet:

> 1995 April 29 — Annular Solar Eclipse
> 1995 October 24 — Total Solar Eclipse
> 1997 March 09 — Total Solar Eclipse
> 1998 February 26 — Total Solar Eclipse
> 1998 August 22 — Annular Solar Eclipse
> 1999 February 16 — Annular Solar Eclipse
> 1999 August 11 — Total Solar Eclipse

The tables can be accessed with Mosaic through SDAC home page, or directly at URL:

> http://umbra.gsfc.nasa.gov/eclipse/predictions/year-month-day.html

For example, the path for the total solar eclipse of 1998 February 26 would use the above address with the string "year-month-day" replaced with "1998-february-26". Send comments, corrections, suggestions or requests for more detailed 'ftp' instructions, to Fred Espenak via e-mail ("espenak@lepvax.gsfc.nasa.gov"). For Internet related problems, please contact Joe Gurman ("gurman@uvsp.gsfc.nasa.gov").

ALGORITHMS, EPHEMERIDES AND PARAMETERS

Algorithms for the eclipse predictions were developed by Espenak primarily from the *Explanatory Supplement* [1974] with additional algorithms from Meeus, Grosjean and Vanderleen [1966] and Meeus [1982]. The solar and lunar ephemerides were generated from the JPL DE200 and LE200, respectively. All eclipse calculations were made using a value for the Moon's radius of k=0.2722810 for umbral contacts, and k=0.2725076 (adopted IAU value) for penumbral contacts. Center of mass coordinates were used except where noted. An extrapolated value for ΔT of 62.1 seconds was used to convert the predictions from Terrestrial Dynamical Time to Universal Time. The international convention of presenting date and time in descending order has been used throughout the bulletin (i.e. - *year, month, day, hour, minute, second*).

The primary source for geographic coordinates used in the local circumstances tables is *The New International Atlas* (Rand McNally, 1991). Elevations for major cities were taken from *Climates of the World* (U. S. Dept. of Commerce, 1972).

All eclipse predictions presented in this publication were generated on a Macintosh computer. As such, it represents the culmination of a two year project to migrate a great deal of eclipse software from mainframe (DEC VAX 11/785) to personal computer (Macintosh IIfx) and from one programming language (FORTRAN IV) to another (THINK Pascal). Word processing and page layout for the publication were done using Microsoft Word v5.1. Figures were annotated with Claris MacDraw Pro 1.5. Meteorological diagrams were prepared using Windows Draw 3.0 and converted to Macintosh compatible files. Finally, the bulletin was printed on a 600 dpi laser printer (Apple LaserWriter Pro).

The names and spellings of countries, cities and other geopolitical regions are not authoritative, nor do they imply any official recognition in status. Corrections to names, geographic coordinates and elevations are actively solicited in order to update the data base for future eclipses. All calculations, diagrams and opinions presented in this publication are those of the authors and they assume full responsibility for their accuracy.

BIBLIOGRAPHY

REFERENCES

Bretagnon, P., and Simon, J. L., *Planetary Programs and Tables from –4000 to +2800*, Willmann-Bell, Richmond, Virginia, 1986.
Chou, B. R., "Safe Solar Filters," *Sky & Telescope*, August 1981, p. 119.
Climates of the World, U. S. Dept. of Commerce, Washington DC, 1972.
Dunham, J. B, Dunham, D. W. and Warren, W. H., *IOTA Observer's Manual*, (draft copy), 1992.
Espenak, F., *Fifty Year Canon of Solar Eclipses: 1986–2035*, NASA RP-1178, Greenbelt, MD, 1987.
Explanatory Supplement to the Astronomical Ephemeris and the American Ephemeris and Nautical Almanac, Her Majesty's Nautical Almanac Office, London, 1974.
Herald, D., "Correcting Predictions of Solar Eclipse Contact Times for the Effects of Lunar Limb Irregularities," *J. Brit. Ast. Assoc.*, 1983, **93**, 6.
Marsh, J. C. D., "Observing the Sun in Safety," *J. Brit. Ast. Assoc.*, 1982, **92**, 6.
Meeus, J., *Astronomical Formulae for Calculators*, Willmann-Bell, Inc., Richmond, 1982.
Meeus, J., Grosjean, C., and Vanderleen, W., *Canon of Solar Eclipses*, Pergamon Press, New York, 1966.
Morrison, L. V., "Analysis of lunar occultations in the years 1943–1974...," *Astr. J.*, 1979, **75**, 744.
Morrison, L.V., and Appleby, G.M., "Analysis of lunar occultations - III. Systematic corrections to Watts' limb-profiles for the Moon," *Mon. Not. R. Astron. Soc.*, 1981, **196**, 1013.
The New International Atlas, Rand McNally, Chicago/New York/San Francisco, 1991.
van den Bergh, G., *Periodicity and Variation of Solar (and Lunar) Eclipses*, Tjeenk Willink, Haarlem, Netherlands, 1955.
Watts, C. B., "The Marginal Zone of the Moon," *Astron. Papers Amer. Ephem.*, 1963, **17**, 1-951.

FURTHER READING

Allen, D., and Allen, C., *Eclipse*, Allen & Unwin, Sydney, 1987.
Astrophotography Basics, Kodak Customer Service Pamphlet P150, Eastman Kodak, Rochester, 1988.
Brewer, B., *Eclipse*, Earth View, Seattle, 1991.
Covington, M., *Astrophotography for the Amateur*, Cambridge University Press, Cambridge, 1988.
Espenak, F., "Total Eclipse of the Sun," *Petersen's PhotoGraphic*, June 1991, p. 32.
Fiala, A. D., DeYoung, J. A., and Lukac, M. R., *Solar Eclipses, 1991–2000*, USNO Circular No. 170, U. S. Naval Observatory, Washington, DC, 1986.
Harris, J., and Talcott, R., *Chasing the Shadow*, Kalmbach Pub., Waukesha, 1994.
Littmann, M., and Willcox, K., *Totality, Eclipses of the Sun*, University of Hawaii Press, Honolulu, 1991.
Lowenthal, J., *The Hidden Sun: Solar Eclipses and Astrophotography*, Avon, New York, 1984.
Mucke, H., and Meeus, J., *Canon of Solar Eclipses: –2003 to +2526*, Astronomisches Büro, Vienna, 1983.
North, G., *Advanced Amateur Astronomy*, Edinburgh University Press, 1991.
Oppolzer, T. R. von, *Canon of Eclipses*, Dover Publications, New York, 1962.
Ottewell, G., *The Under-Standing of Eclipses*, Astronomical Workshop, Greenville, NC, 1991.
Pasachoff, J. M., and Covington, M., *Cambridge Guide to Eclipse Photography*, Cambridge University Press, Cambridge and New York, 1993.
Pasachoff, J. M., and Menzel, D. H., *Field Guide to the Stars and Planets*, 3rd edition, Houghton Mifflin, Boston, 1992.
Reynolds, M. D. and Sweetsir, R. A., *Observe Eclipses*, Astronomical League, Washington, DC, 1995.
Sherrod, P. C., *A Complete Manual of Amateur Astronomy*, Prentice-Hall, 1981.
Zirker, J. B., *Total Eclipses of the Sun*, Van Nostrand Reinhold, New York, 1984.

TOTAL SOLAR ECLIPSE OF 1997 MARCH 9

FIGURES

Figure 1: ORTHOGRAPHIC PROJECTION MAP OF THE ECLIPSE PATH

Total Solar Eclipse of 1997 Mar 9

Geocentric Conjunction = 01:53:37.7 UT   J.D. = 2450516.578909
Greatest Eclipse = 01:23:48.5 UT   J.D. = 2450516.558200
Eclipse Magnitude = 1.04201   Gamma = 0.91831
Saros Series = 120   Member = 60 of 71

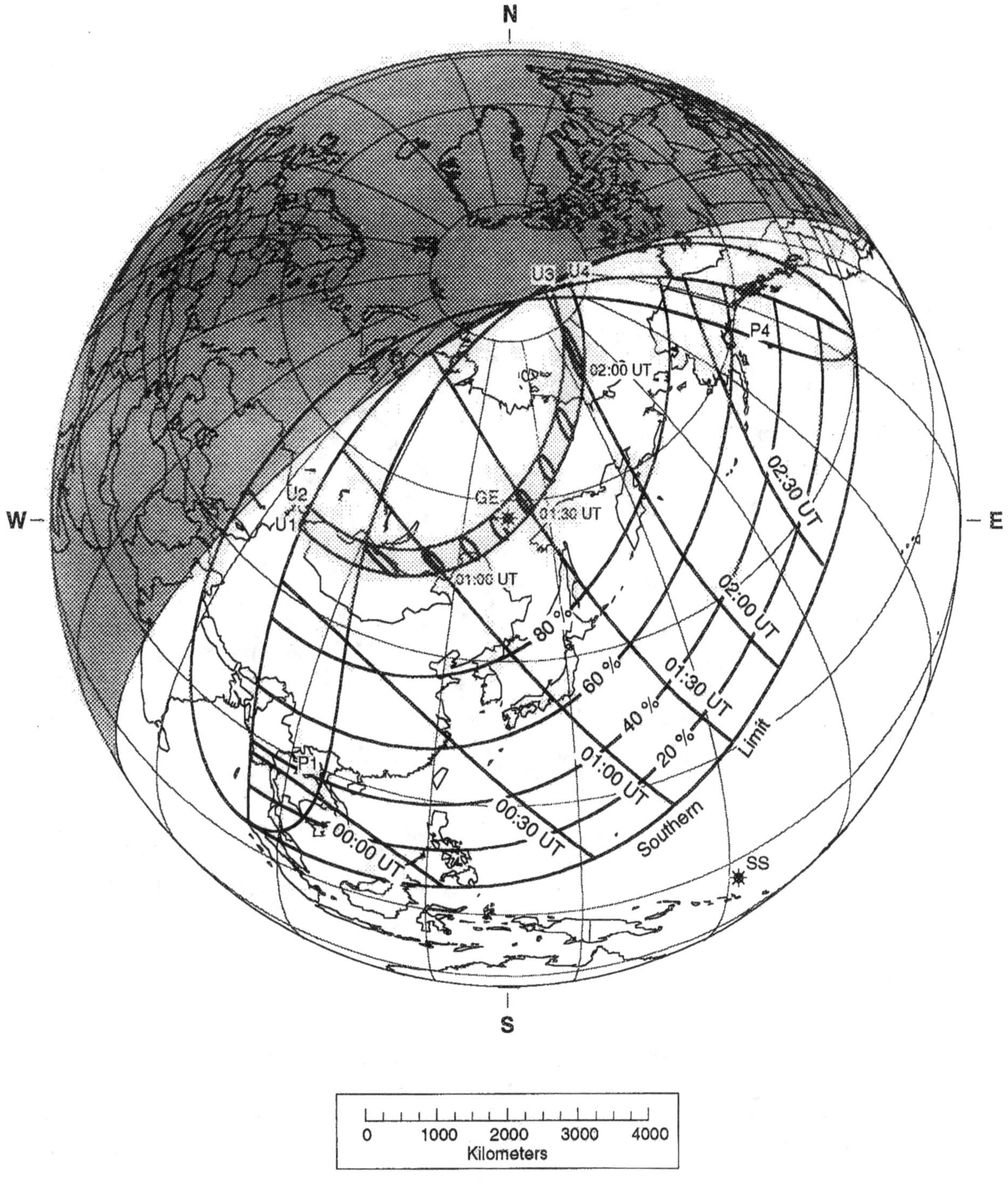

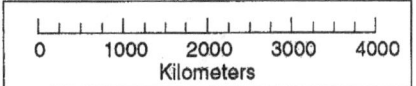

F. Espenak, NASA/GSFC - 1995 Apr 14

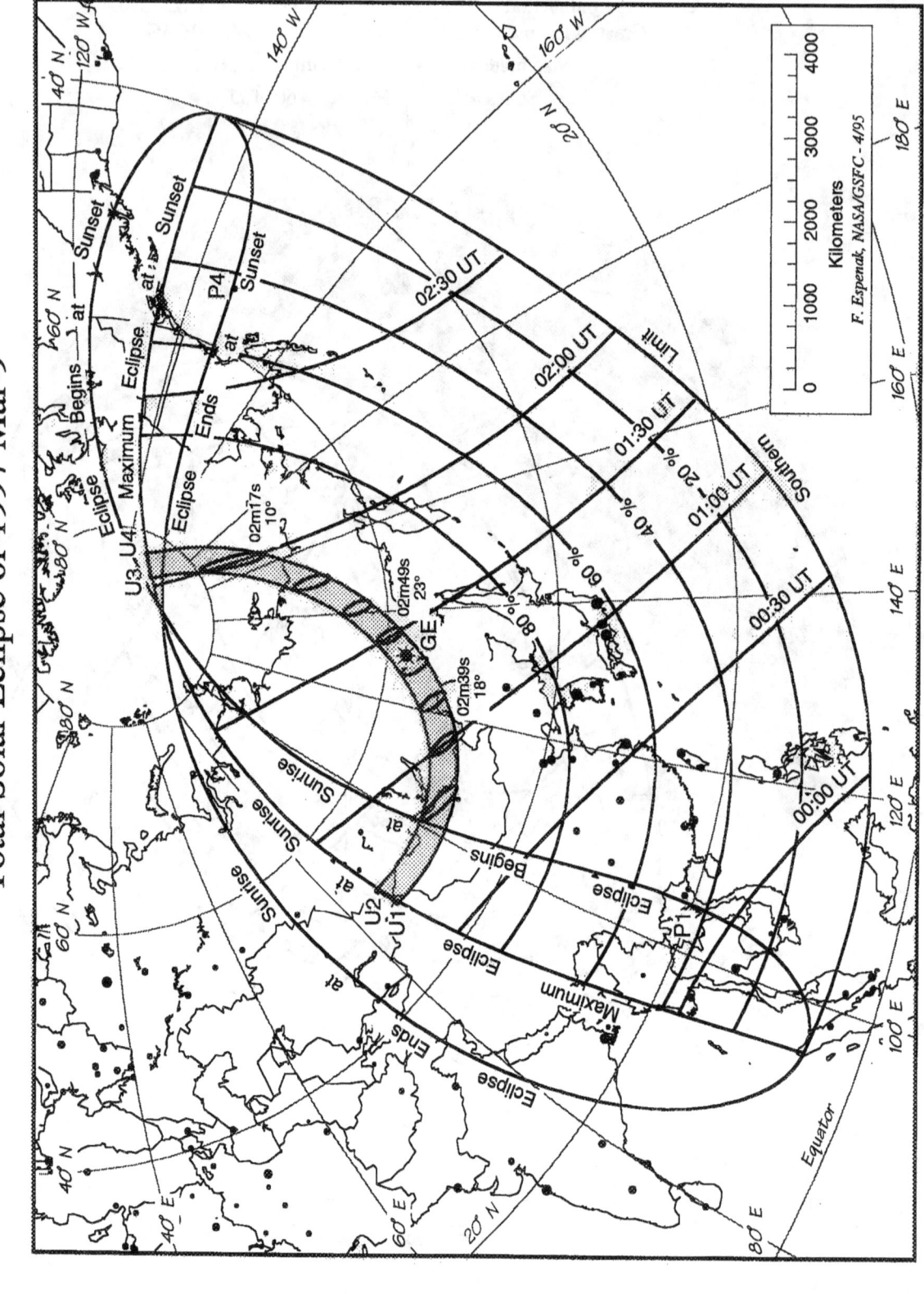

Figure 2: **Stereographic Projection Map of The Eclipse Path**

Total Solar Eclipse of 1997 Mar 9

Figure 3: **The Eclipse Path Through Asia**

Total Solar Eclipse of 1997 Mar 9

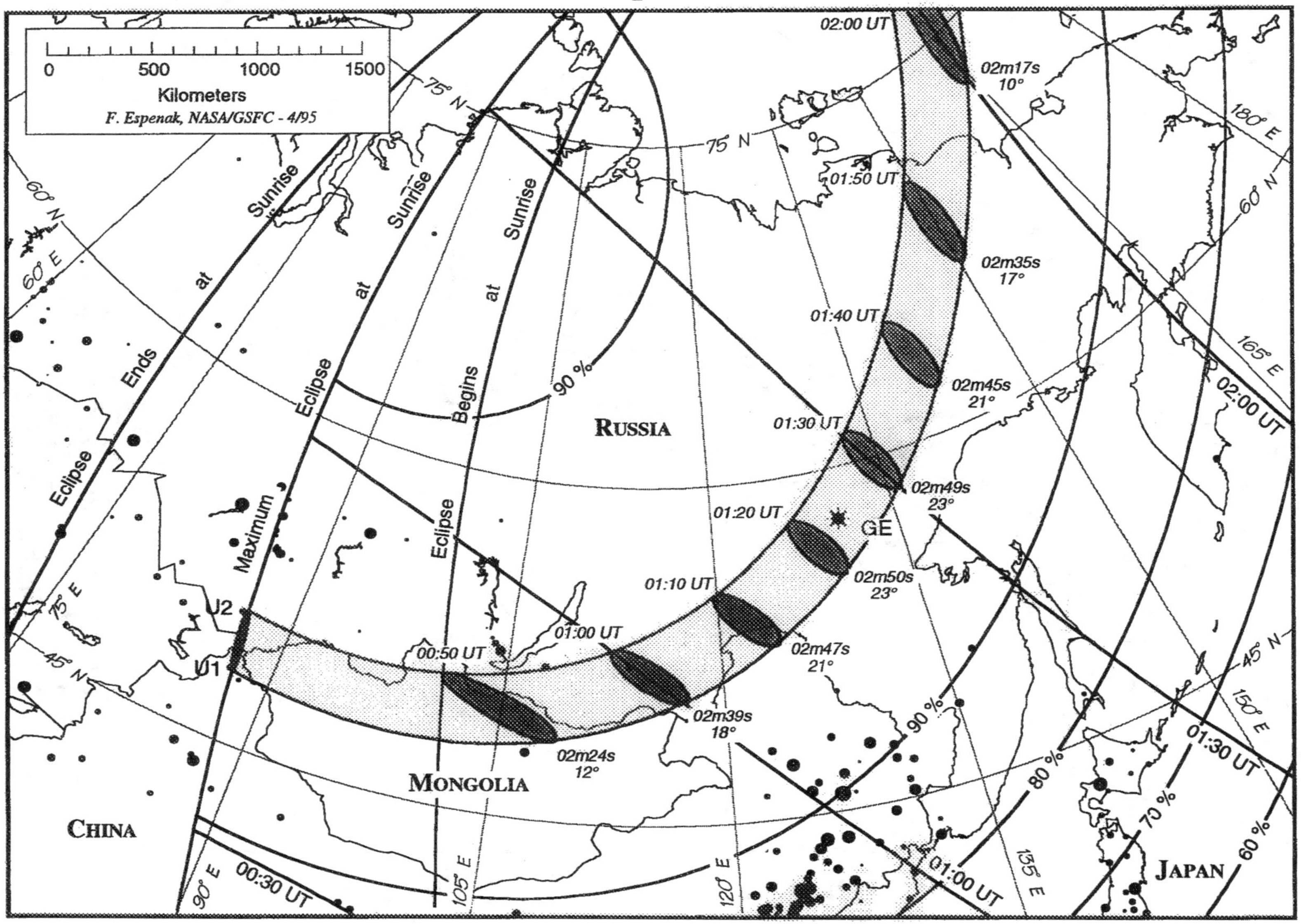

Figure 4: THE ECLIPSE PATH IN DETAIL

Total Solar Eclipse of 1997 Mar 9

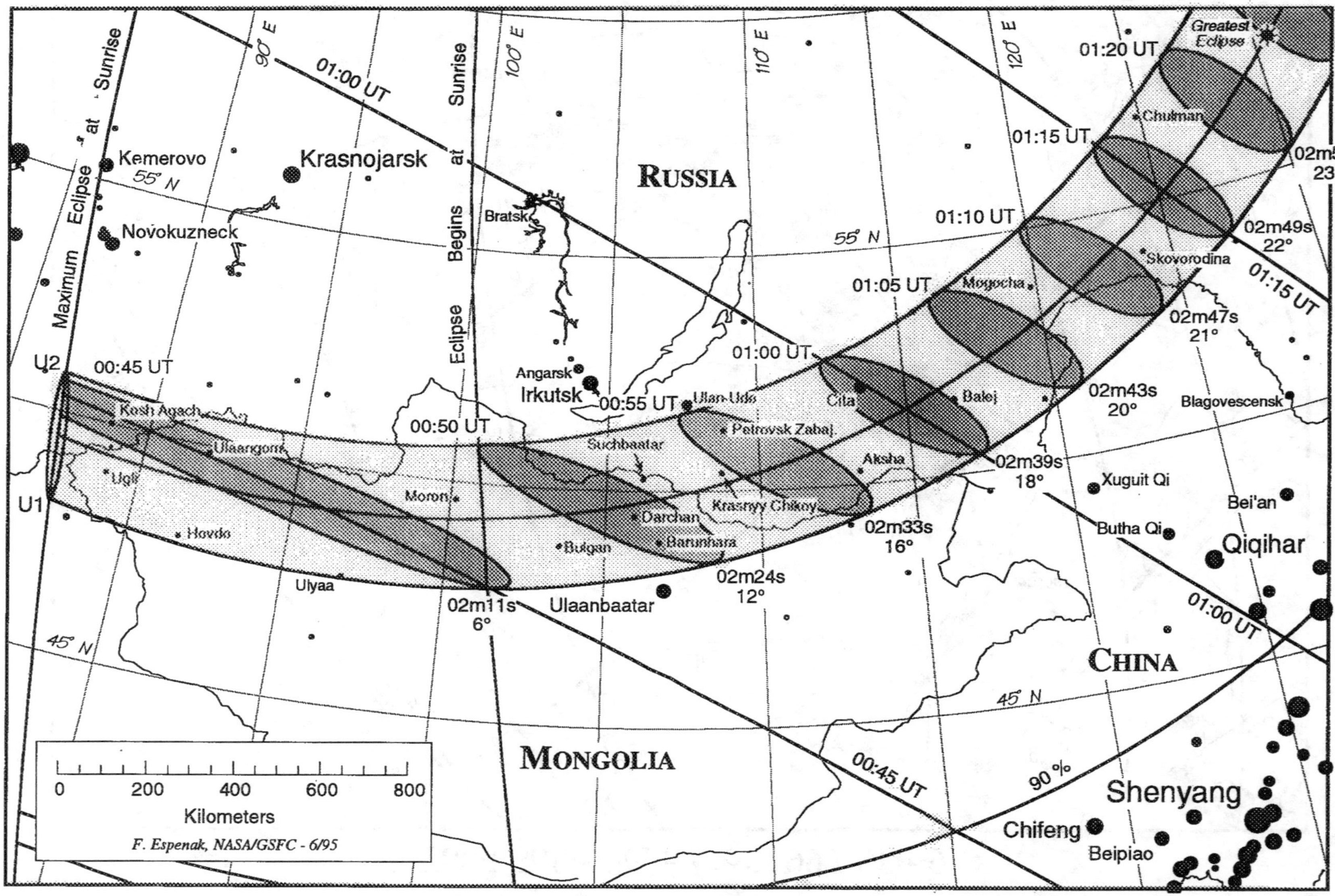

Figure 5: THE LUNAR LIMB PROFILE AT 01:00 UT
Total Solar Eclipse of 1997 Mar 9

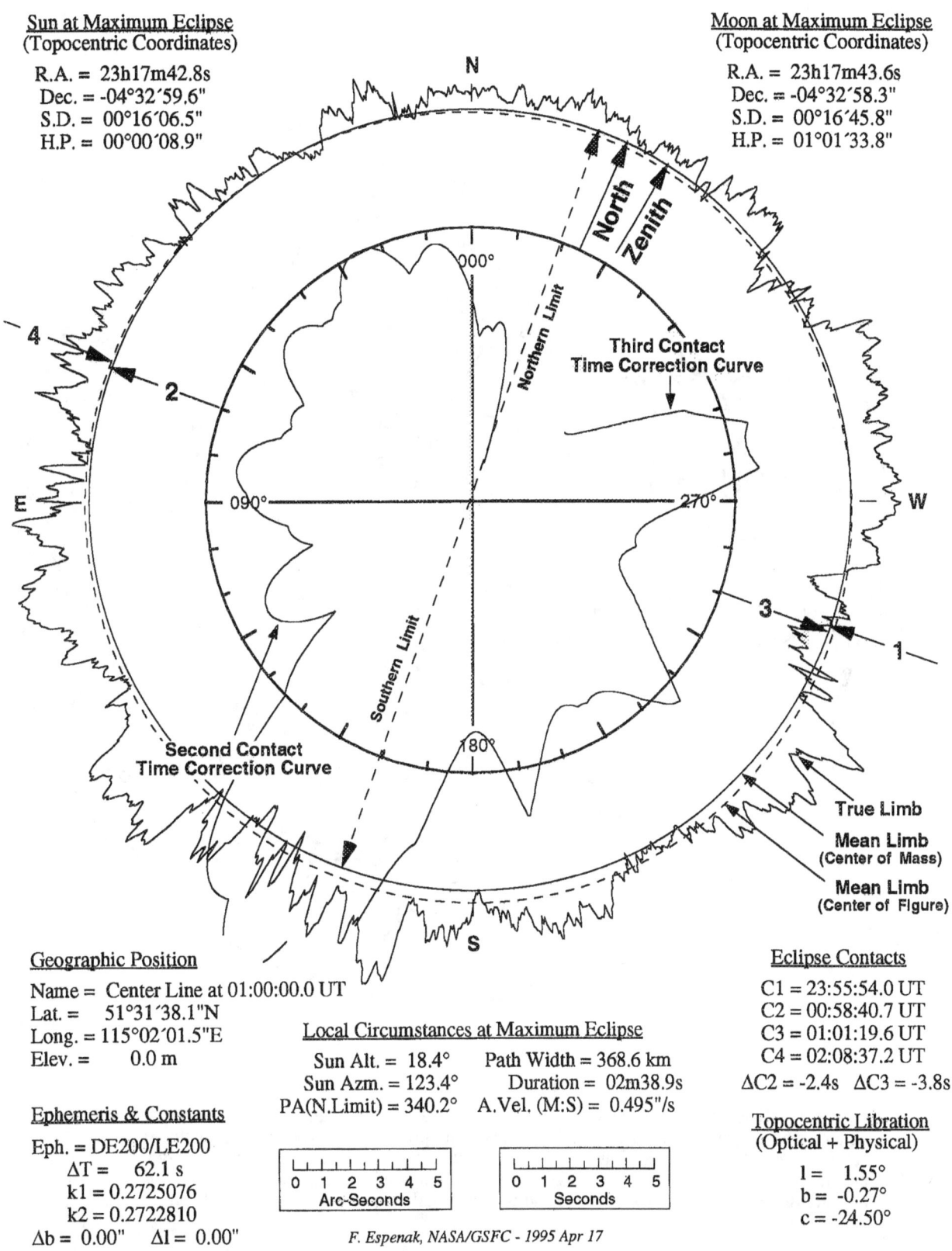

F. Espenak, NASA/GSFC - 1995 Apr 17

cor.C2 = 00:58:38.3 UT (-2.4s)   cor.C3 = 01:01:15.8 UT (-3.8s)

Figure 6: FINAL SEVEN UMBRAL ECLIPSES OF SAROS SERIES 120

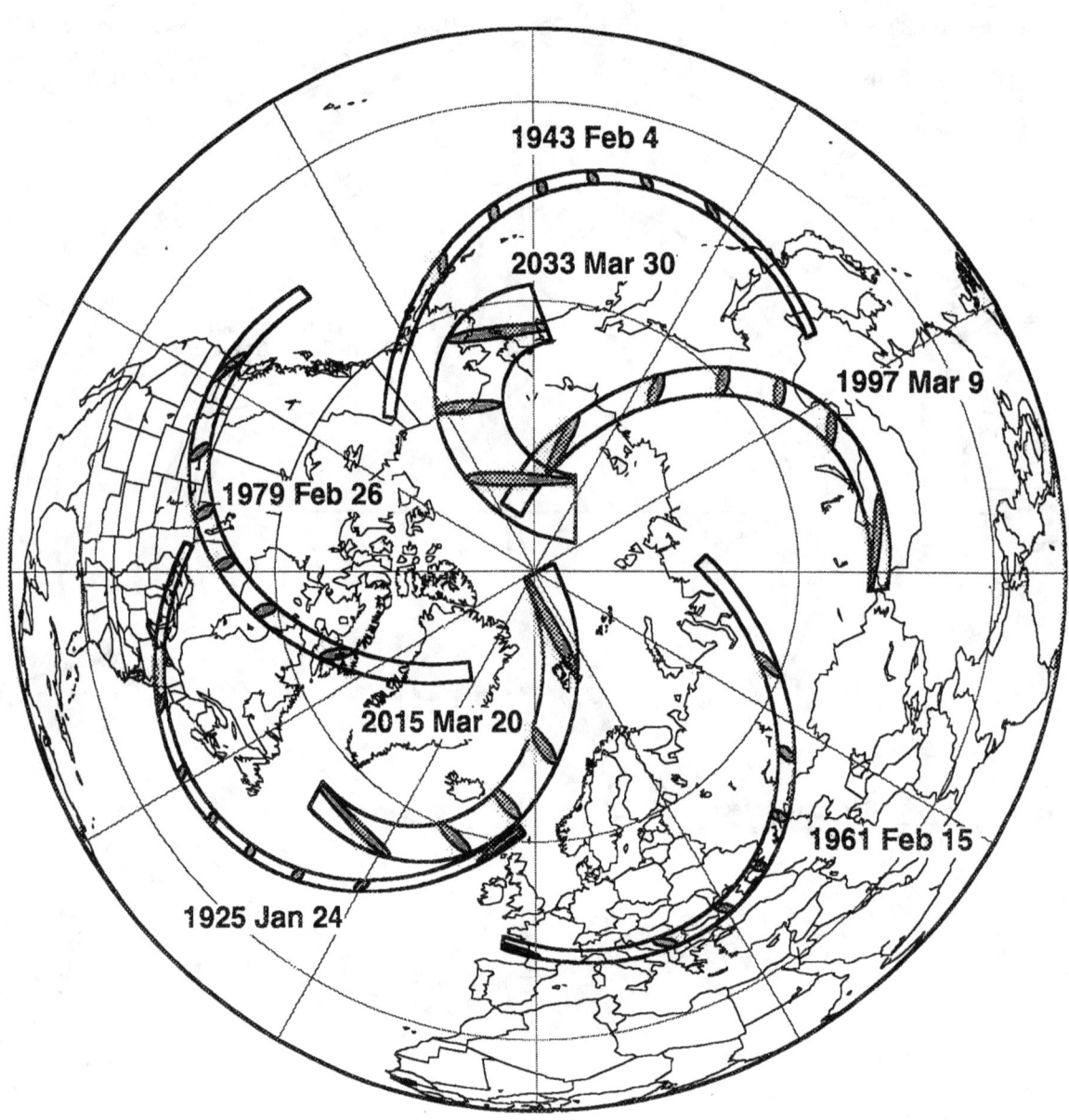

Figure 6 — The final seven umbral solar eclipses of saros series 120 illustrate the characteristic saros pattern where each path is displaced 120° west of its predecessor. Note that the paths of the last four eclipses (i.e.: 1979, 1997, 2015 and 2033) grow increasingly broader as the umbral shadow cone passes progressively closer to the limb of Earth. The umbral shadow outline is plotted along each path at fifteen minute intervals. Saros 120 will end with a partial eclipse near the north pole on 2195 July 7.

Figure 7: MEAN CLOUD COVER IN MARCH ALONG THE ECLIPSE PATH

Total Solar Eclipse of 1997 Mar 9

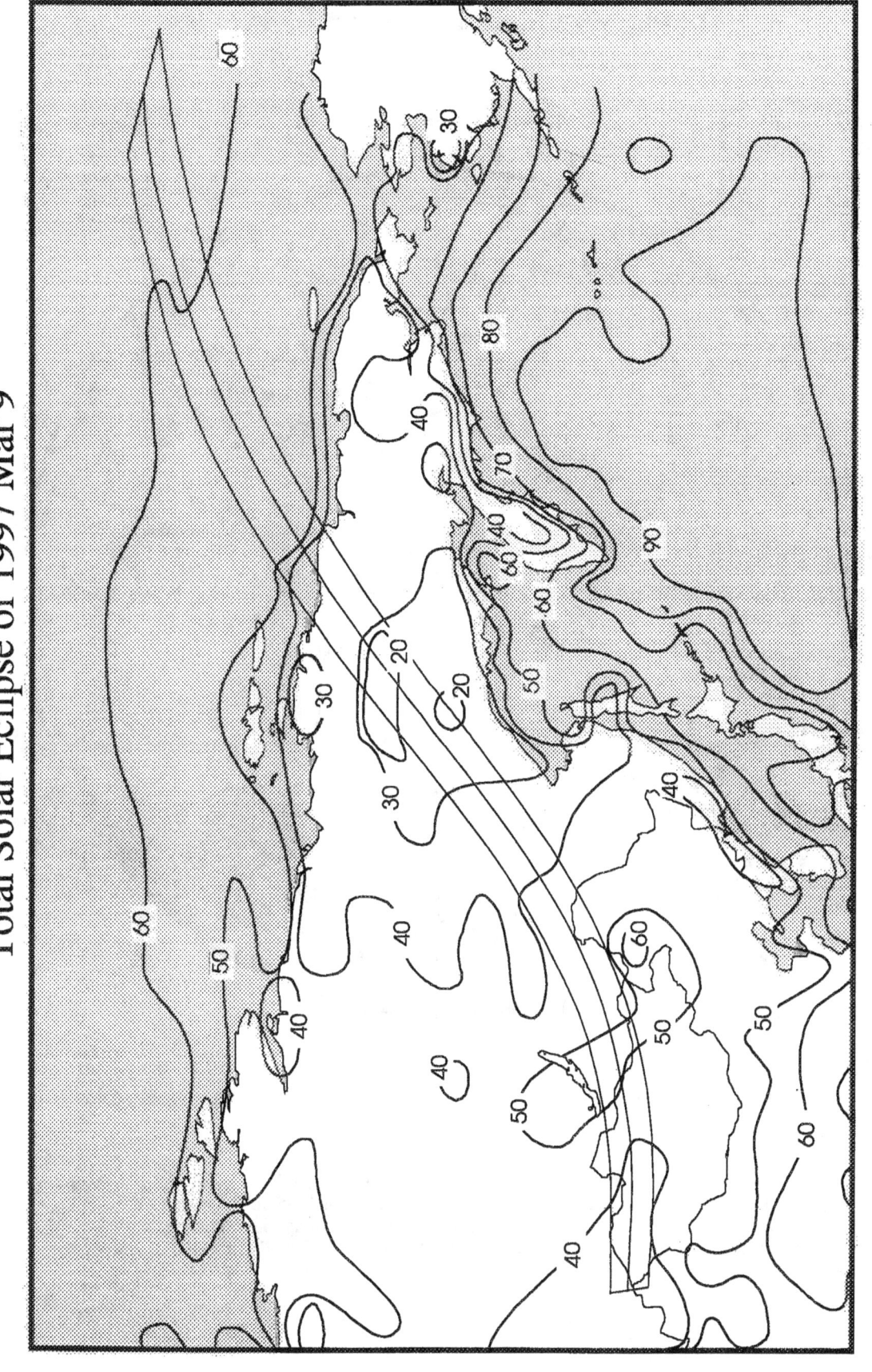

Figure 6: Mean cloud amount along and surrounding the eclipse track. Data for this chart comes from the International Satellite Cloud Climatology Project, and is the mean daily cloud cover for March derived from eight years of satellite observation. Courtesy of Jay Anderson, Environment Canada.

Figure 8: THE SKY DURING TOTALITY AS SEEN FROM CENTER LINE AT 01:00 UT

Total Solar Eclipse of 1997 Mar 9

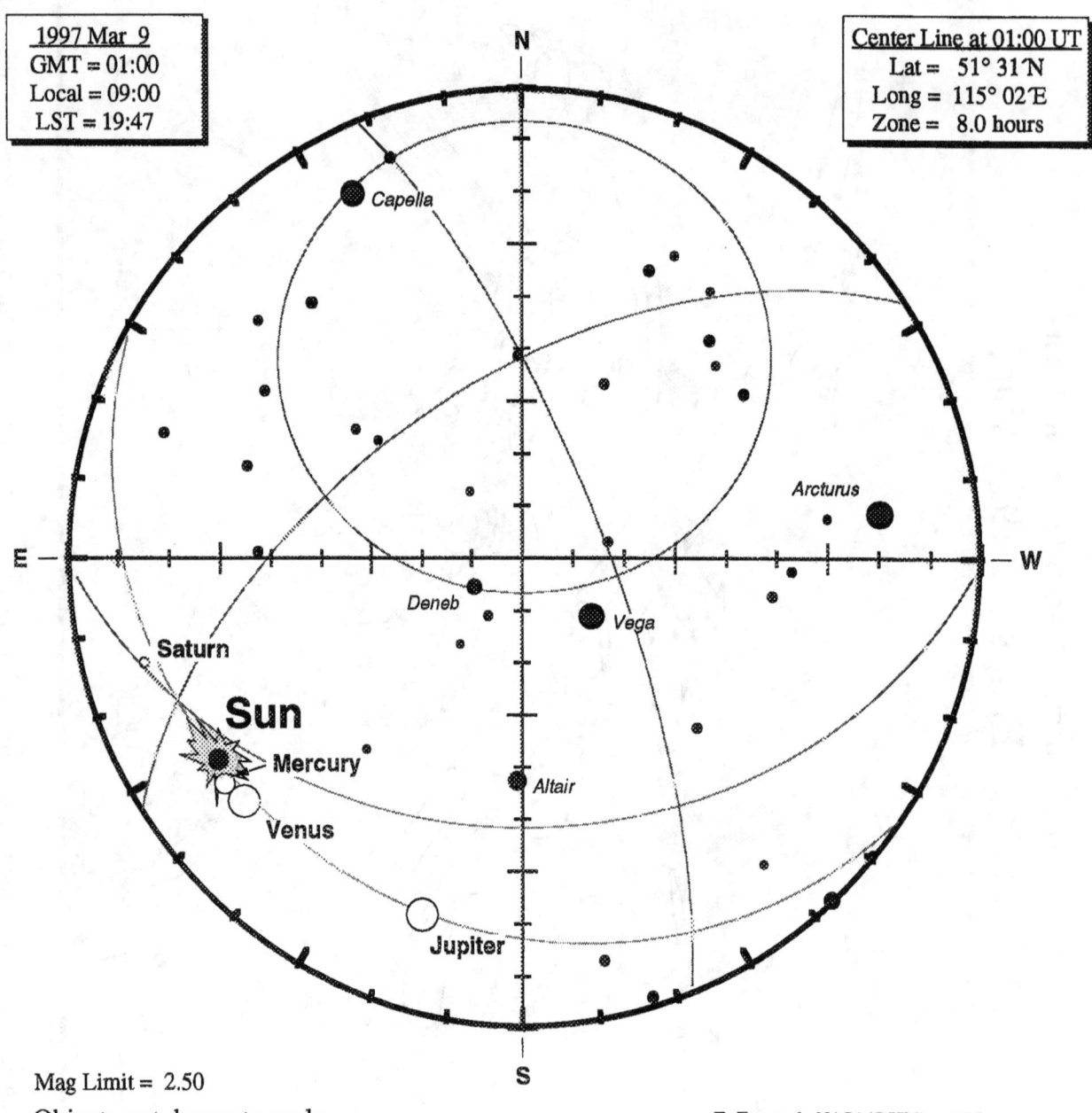

Mag Limit = 2.50
Objects not drawn to scale.

F. Espenak, NASA/GSFC - 4/95

Figure 7: The sky during totality as seen from the center line in eatern Russia at 01:00 UT. Mercury (m=−0.2), Venus (m=−3.5) and Jupiter (m=−1.5) should all be easily visible during the total eclipse. Saturn (+1.3) is another possiblity if sky transparency is good. Among the bright stars which may be visible are Vega (m=+0.03), Deneb (m=+1.25), Altair (m=+0.77), Capella (m=+0.08), and Arcturus (m=-0.04).

TOTAL SOLAR ECLIPSE OF 1997 MARCH 9

TABLES

Table 1

ELEMENTS OF THE TOTAL SOLAR ECLIPSE OF 1997 MARCH 9

Geocentric Conjunction of Sun & Moon in R.A.:	01:54:39.85 TDT (=01:53:37.75 UT)	J.D. = 2450516.579628
Instant of Greatest Eclipse:	01:24:50.59 TDT (=01:23:48.49 UT)	J.D. = 2450516.558919

Geocentric Coordinates of Sun & Moon at Greatest Eclipse (DE200/LE200):

	Sun		Moon
R.A.	= 23h17m46.122s	R.A.	= 23h16m38.690s
Dec.	= -04°32′29.18″	Dec.	= -03°38′59.34″
Semi-Diameter	= 16′06.48″	Semi-Diameter	= 16′40.83″
Eq.Hor.Par.	= 8.86″	Eq.Hor.Par.	= 1°01′12.85″
Δ R.A.	= 9.234s/h	Δ R.A.	= 144.973s/h
Δ Dec.	= 58.65″/h	Δ Dec.	= 695.56″/h

Lunar Radius Constants:	k_1 = 0.2725076 (Penumbra) k_2 = 0.2722810 (Umbra)	Shift in Lunar Position:	Δb = 0.00″ Δl = 0.00″

Geocentric Libration: (Optical + Physical)	l = 1.5° b = -1.2° c = -24.5°	Brown Lun. No. = 1202 Saros Series = 120 (60/71) Ephemeris = (DE200/LE200)

Eclipse Magnitude = 1.04201   Gamma = 0.91831 ΔT = 62.1 s

Polynomial Besselian Elements for: 1997 Mar 9   01:00:00.0 TDT (=t_0)

n	x	y	d	l_1	l_2	μ
0	-0.5050240	0.8038157	-4.5501642	0.5369106	-0.0092008	192.335892
1	0.5543082	0.1743588	0.0158617	0.0000486	0.0000484	15.003963
2	0.0000134	-0.0000204	0.0000009	-0.0000130	-0.0000129	0.000001
3	-0.0000093	-0.0000028	0.0000000	0.0000000	0.0000000	0.000000

Tan f_1 = 0.0047087   Tan f_2 = 0.0046853

At time 't_1' (decimal hours), each besselian element is evaluated by:

$$x = x_0 + x_1 \cdot t + x_2 \cdot t^2 + x_3 \cdot t^3 \quad \text{(or } x = \sum [x_n \cdot t^n]; \; n = 0 \text{ to } 3\text{)}$$

where: $t = t_1 - t_0$ (decimal hours) and t_0 = 1.000

Note that all times are expressed in Terrestrial Dynamical Time (TDT).

Saros Series 120: Member 60 of 71 eclipses in series.

Table 2

SHADOW CONTACTS AND CIRCUMSTANCES
TOTAL SOLAR ECLIPSE OF 1997 MARCH 9

$$\Delta T = 62.1 \text{ s}$$
$$= 000°15.5'E$$

		Terrestrial Dynamical Time h m s	Latitude	Ephemeris Longitude†	True Longitude*
External/Internal Contacts of Penumbra:	P1	23:17:38.3	19°17.7′N	104°52.1′E	105°07.6′E
	P4	03:31:50.2	54°08.4′N	146°34.2′W	146°18.6′W
Extreme North/South Limits of Penumbral Path:	N1	23:51:09.0	04°59.8′N	095°17.2′E	095°32.8′E
	S1	02:58:23.6	39°57.6′N	135°44.4′W	135°28.9′W
External/Internal Contacts of Umbra:	U1	00:42:04.9	48°15.2′N	087°16.0′E	087°31.5′E
	U2	00:46:59.1	50°44.5′N	086°30.6′E	086°46.2′E
	U3	02:02:20.8	83°53.7′N	165°46.1′W	165°30.5′W
	U4	02:07:13.8	82°00.8′N	153°32.9′W	153°17.3′W
Extreme North/South Limits of Umbral Path:	N1	00:46:47.6	50°50.6′N	086°34.8′E	086°50.3′E
	S1	00:42:18.1	48°08.4′N	087°11.5′E	087°27.0′E
	N2	02:02:32.3	83°57.7′N	166°31.3′W	166°15.8′W
	S2	02:07:00.8	81°55.3′N	153°02.6′W	152°47.1′W
Extreme Limits of Center Line:	C1	00:44:28.2	49°27.2′N	086°53.4′E	087°09.0′E
	C2	02:04:51.1	82°58.1′N	158°32.7′W	158°17.2′W
Instant of Greatest Eclipse:	G0	01:24:50.6	57°46.9′N	130°25.2′E	130°40.8′E

Circumstances at Greatest Eclipse: Sun's Altitude = 22.8°   Path Width = 356.1 km
Sun's Azimuth = 145.8°   Central Duration = 02m49.6s

---

† Ephemeris Longitude is the terrestrial dynamical longitude assuming a uniformly rotating Earth.

* True Longitude is calculated by correcting the Ephemeris Longitude for the non-uniform rotation of Earth.
(T.L. = E.L. - 1.002738*ΔT/240, where ΔT (in seconds) = TDT - UT)

Note: Longitude is measured positive to the East.

Since ΔT is not known in advance, the value used in the predictions is an extrapolation based on pre-1994 measurements. Nevertheless, the actual value is expected to fall within ±0.3 seconds of the estimated ΔT used here.

Table 3

PATH OF THE UMBRAL SHADOW
TOTAL SOLAR ECLIPSE OF 1997 MARCH 9

Universal Time	Northern Limit Latitude Longitude	Southern Limit Latitude Longitude	Center Line Latitude Longitude	Sun Alt °	Path Width km	Central Durat.
Limits	50°50.6′N 086°50.3′E	48°08.4′N 087°27.0′E	49°27.2′N 087°09.0′E	0	291	01m58.1s
00:44	— —	47°44.8′N 099°47.1′E	49°08.6′N 092°42.8′E	4	307	02m05.6s
00:46	50°39.4′N 090°05.1′E	47°56.0′N 103°19.9′E	49°09.1′N 098°43.2′E	8	326	02m14.4s
00:48	50°36.9′N 097°15.8′E	48°11.5′N 106°07.3′E	49°21.5′N 102°22.1′E	10	338	02m20.0s
00:50	50°50.2′N 101°07.0′E	48°29.6′N 108°29.2′E	49°38.3′N 105°12.8′E	12	346	02m24.4s
00:52	51°08.2′N 104°03.7′E	48°49.7′N 110°34.3′E	49°57.8′N 107°36.8′E	14	353	02m28.2s
00:54	51°29.0′N 106°31.6′E	49°11.3′N 112°27.4′E	50°19.2′N 109°43.7′E	15	359	02m31.4s
00:56	51°51.8′N 108°41.2′E	49°34.2′N 114°11.6′E	50°42.1′N 111°38.2′E	16	363	02m34.2s
00:58	52°16.0′N 110°38.0′E	49°58.1′N 115°48.7′E	51°06.3′N 113°23.7′E	17	366	02m36.7s
01:00	52°41.7′N 112°25.4′E	50°23.1′N 117°20.3′E	51°31.6′N 115°02.0′E	18	369	02m38.9s
01:02	53°08.5′N 114°05.4′E	50°49.1′N 118°47.4′E	51°58.0′N 116°34.8′E	19	370	02m40.8s
01:04	53°36.3′N 115°39.7′E	51°16.0′N 120°10.7′E	52°25.4′N 118°03.0′E	20	371	02m42.6s
01:06	54°05.3′N 117°09.3′E	51°43.7′N 121°31.1′E	52°53.7′N 119°27.5′E	20	371	02m44.1s
01:08	54°35.2′N 118°35.3′E	52°12.3′N 122°48.9′E	53°22.9′N 120°49.0′E	21	371	02m45.5s
01:10	55°06.1′N 119°58.3′E	52°41.7′N 124°04.7′E	53°53.1′N 122°08.1′E	21	370	02m46.6s
01:12	55°38.0′N 121°18.9′E	53°11.9′N 125°18.9′E	54°24.1′N 123°25.3′E	22	369	02m47.6s
01:14	56°10.9′N 122°37.5′E	53°43.1′N 126°31.8′E	54°56.1′N 124°40.9′E	22	367	02m48.4s
01:16	56°44.7′N 123°54.7′E	54°15.1′N 127°43.7′E	55°29.0′N 125°55.3′E	22	366	02m49.1s
01:18	57°19.7′N 125°10.8′E	54°48.0′N 128°55.0′E	56°02.8′N 127°08.9′E	23	363	02m49.6s
01:20	57°55.7′N 126°26.2′E	55°21.8′N 130°05.9′E	56°37.6′N 128°22.0′E	23	361	02m49.9s
01:22	58°32.8′N 127°41.2′E	55°56.5′N 131°16.6′E	57°13.5′N 129°34.8′E	23	359	02m50.1s
01:24	59°11.1′N 128°56.2′E	56°32.3′N 132°27.6′E	57°50.5′N 130°47.8′E	23	356	02m50.1s
01:26	59°50.7′N 130°11.5′E	57°09.1′N 133°38.9′E	58°28.6′N 132°01.1′E	23	353	02m50.0s
01:28	60°31.6′N 131°27.5′E	57°47.0′N 134°51.0′E	59°07.9′N 133°15.2′E	23	350	02m49.7s
01:30	61°13.9′N 132°44.6′E	58°26.1′N 136°04.1′E	59°48.5′N 134°30.3′E	23	347	02m49.2s
01:32	61°57.8′N 134°03.0′E	59°06.4′N 137°18.6′E	60°30.5′N 135°46.8′E	22	344	02m48.6s
01:34	62°43.4′N 135°23.4′E	59°48.1′N 138°34.8′E	61°14.0′N 137°05.1′E	22	341	02m47.9s
01:36	63°30.9′N 136°46.2′E	60°31.3′N 139°53.1′E	61°59.1′N 138°25.7′E	22	338	02m46.9s
01:38	64°20.4′N 138°12.0′E	61°16.0′N 141°13.9′E	62°46.0′N 139°49.1′E	21	335	02m45.8s
01:40	65°12.3′N 139°41.6′E	62°02.5′N 142°37.9′E	63°35.0′N 141°16.0′E	21	332	02m44.5s
01:42	66°06.8′N 141°15.8′E	62°51.0′N 144°05.7′E	64°26.1′N 142°47.1′E	20	329	02m43.1s
01:44	67°04.3′N 142°55.9′E	63°41.6′N 145°38.1′E	65°19.8′N 144°23.4′E	20	326	02m41.4s
01:46	68°05.4′N 144°43.5′E	64°34.6′N 147°16.1′E	66°16.4′N 146°06.1′E	19	323	02m39.6s
01:48	69°10.7′N 146°40.5′E	65°30.4′N 149°01.0′E	67°16.4′N 147°56.8′E	18	320	02m37.5s
01:50	70°21.2′N 148°50.1′E	66°29.5′N 150°54.4′E	68°20.4′N 149°57.8′E	17	317	02m35.1s
01:52	71°38.3′N 151°17.0′E	67°32.5′N 152°58.7′E	69°29.3′N 152°12.4′E	16	314	02m32.5s
01:54	73°04.1′N 154°08.9′E	68°40.1′N 155°17.2′E	70°44.3′N 154°45.2′E	15	311	02m29.5s
01:56	74°42.4′N 157°40.2′E	69°53.5′N 157°54.9′E	72°07.3′N 157°44.3′E	13	308	02m26.1s
01:58	76°40.6′N 162°23.5′E	71°14.5′N 160°59.8′E	73°41.7′N 161°24.2′E	12	305	02m22.2s
02:00	79°20.3′N 170°07.6′E	72°46.0′N 164°46.4′E	75°33.6′N 166°16.0′E	10	302	02m17.4s
02:02	— —	74°33.6′N 169°45.3′E	77°59.5′N 173°54.3′E	7	298	02m11.1s
Limits	83°57.7′N 166°15.8′W	81°55.3′N 152°47.1′W	82°58.1′N 158°17.2′W	0	292	01m57.4s

Table 4

Physical Ephemeris of the Umbral Shadow
Total Solar Eclipse of 1997 March 9

Universal Time	Center Line Latitude	Center Line Longitude	Diameter Ratio	Eclipse Obscur.	Sun Alt °	Sun Azm °	Path Width km	Major Axis km	Minor Axis km	Umbra Veloc. km/s	Central Durat.
00:43.4	49°27.2′N	087°09.0′E	1.0349	1.0711	0.0	97.0	291.0	-	117.6	-	01m58.1s
00:44	49°08.6′N	092°42.8′E	1.0361	1.0736	3.7	101.4	306.9	1856.0	121.4	5.848	02m05.6s
00:46	49°09.1′N	098°43.2′E	1.0374	1.0763	7.9	106.4	325.8	915.9	125.7	2.629	02m14.4s
00:48	49°21.5′N	102°22.1′E	1.0382	1.0779	10.4	109.7	337.5	710.3	128.3	1.928	02m20.0s
00:50	49°38.3′N	105°12.8′E	1.0388	1.0792	12.3	112.4	346.4	609.6	130.2	1.587	02m24.4s
00:52	49°57.8′N	107°36.8′E	1.0393	1.0802	13.9	114.9	353.3	547.8	131.8	1.380	02m28.2s
00:54	50°19.2′N	109°43.7′E	1.0398	1.0811	15.2	117.2	358.8	505.4	133.2	1.239	02m31.4s
00:56	50°42.1′N	111°38.2′E	1.0401	1.0818	16.4	119.3	363.0	474.3	134.3	1.138	02m34.2s
00:58	51°06.3′N	113°23.7′E	1.0404	1.0825	17.4	121.4	366.3	450.6	135.3	1.063	02m36.7s
01:00	51°31.6′N	115°02.0′E	1.0407	1.0830	18.3	123.4	368.6	431.9	136.2	1.004	02m38.9s
01:02	51°58.0′N	116°34.8′E	1.0409	1.0835	19.1	125.4	370.2	416.9	137.0	0.959	02m40.8s
01:04	52°25.4′N	118°03.0′E	1.0411	1.0840	19.8	127.3	371.0	404.6	137.6	0.923	02m42.6s
01:06	52°53.7′N	119°27.5′E	1.0413	1.0844	20.4	129.3	371.3	394.6	138.2	0.895	02m44.1s
01:08	53°22.9′N	120°49.0′E	1.0415	1.0847	21.0	131.2	371.0	386.3	138.7	0.873	02m45.5s
01:10	53°53.1′N	122°08.1′E	1.0416	1.0850	21.4	133.0	370.2	379.5	139.2	0.856	02m46.6s
01:12	54°24.1′N	123°25.3′E	1.0417	1.0852	21.8	134.9	369.0	374.0	139.5	0.844	02m47.6s
01:14	54°56.1′N	124°40.9′E	1.0418	1.0854	22.2	136.8	367.4	369.5	139.8	0.835	02m48.4s
01:16	55°29.0′N	125°55.3′E	1.0419	1.0856	22.4	138.7	365.5	366.0	140.1	0.830	02m49.1s
01:18	56°02.8′N	127°08.9′E	1.0420	1.0857	22.6	140.6	363.4	363.4	140.3	0.827	02m49.6s
01:20	56°37.6′N	128°22.0′E	1.0420	1.0857	22.8	142.5	361.1	361.6	140.4	0.827	02m49.9s
01:22	57°13.5′N	129°34.8′E	1.0420	1.0858	22.8	144.4	358.5	360.6	140.4	0.830	02m50.1s
01:24	57°50.5′N	130°47.8′E	1.0420	1.0858	22.9	146.3	355.8	360.3	140.4	0.836	02m50.1s
01:26	58°28.6′N	132°01.1′E	1.0420	1.0858	22.8	148.2	353.0	360.8	140.4	0.844	02m50.0s
01:28	59°07.9′N	133°15.2′E	1.0420	1.0857	22.7	150.2	350.1	362.0	140.3	0.855	02m49.7s
01:30	59°48.5′N	134°30.3′E	1.0419	1.0856	22.5	152.1	347.1	364.0	140.1	0.868	02m49.2s
01:32	60°30.5′N	135°46.8′E	1.0418	1.0854	22.3	154.1	344.1	366.9	139.9	0.884	02m48.6s
01:34	61°14.0′N	137°05.1′E	1.0417	1.0852	22.0	156.2	341.0	370.6	139.6	0.904	02m47.9s
01:36	61°59.1′N	138°25.7′E	1.0416	1.0850	21.7	158.2	338.0	375.4	139.2	0.926	02m46.9s
01:38	62°46.0′N	139°49.1′E	1.0415	1.0847	21.3	160.3	334.9	381.3	138.8	0.953	02m45.8s
01:40	63°35.0′N	141°16.0′E	1.0413	1.0844	20.8	162.5	331.8	388.5	138.3	0.984	02m44.5s
01:42	64°26.1′N	142°47.1′E	1.0412	1.0840	20.2	164.7	328.8	397.2	137.7	1.020	02m43.1s
01:44	65°19.8′N	144°23.4′E	1.0410	1.0836	19.6	167.0	325.7	407.9	137.1	1.063	02m41.4s
01:46	66°16.4′N	146°06.1′E	1.0407	1.0831	18.8	169.4	322.7	420.9	136.3	1.115	02m39.6s
01:48	67°16.4′N	147°56.8′E	1.0405	1.0826	18.0	171.9	319.7	437.0	135.5	1.176	02m37.5s
01:50	68°20.4′N	149°57.8′E	1.0402	1.0820	17.0	174.6	316.8	457.2	134.5	1.252	02m35.1s
01:52	69°29.3′N	152°12.4′E	1.0398	1.0813	16.0	177.5	313.8	483.2	133.5	1.347	02m32.5s
01:54	70°44.3′N	154°45.2′E	1.0395	1.0805	14.7	180.6	310.9	517.5	132.2	1.472	02m29.5s
01:56	72°07.3′N	157°44.3′E	1.0390	1.0795	13.3	184.2	308.0	565.5	130.7	1.643	02m26.1s
01:58	73°41.7′N	161°24.2′E	1.0385	1.0784	11.6	188.4	305.0	637.9	129.0	1.898	02m22.2s
02:00	75°33.6′N	166°16.0′E	1.0378	1.0770	9.5	193.8	301.9	763.6	126.8	2.335	02m17.4s
02:02	77°59.5′N	173°54.3′E	1.0369	1.0751	6.6	201.8	298.3	1065.5	123.8	3.375	02m11.1s
02:03.8	82°58.1′N	158°17.2′W	1.0347	1.0707	0.0	229.8	291.9	-	116.9	-	01m57.4s

Table 5

LOCAL CIRCUMSTANCES ON THE CENTER LINE
TOTAL SOLAR ECLIPSE OF 1997 MARCH 9

Center Line Maximum Eclipse			First Contact				Second Contact			Third Contact			Fourth Contact			
U.T.	Durat.	Alt °	U.T.	P °	V °	Alt °	U.T.	P °	V °	U.T.	P °	V °	U.T.	P °	V °	Alt °
00:44	02m05.6s	4	-	-	-	-	00:42:57	73	113	00:45:03	253	293	01:45:15	72	109	13
00:46	02m14.4s	8	-	-	-	-	00:44:53	72	111	00:47:07	252	291	01:49:20	71	106	17
00:48	02m20.0s	10	23:48:03	253	293	1	00:46:50	72	110	00:49:10	252	290	01:52:37	71	104	20
00:50	02m24.4s	12	23:49:07	252	292	3	00:48:48	71	109	00:51:12	251	288	01:55:36	71	102	22
00:52	02m28.2s	14	23:50:19	252	291	5	00:50:46	71	107	00:53:14	251	287	01:58:25	70	100	23
00:54	02m31.4s	15	23:51:37	252	290	6	00:52:44	71	106	00:55:16	251	286	02:01:06	70	98	24
00:56	02m34.2s	16	23:52:59	251	289	7	00:54:43	71	105	00:57:17	251	284	02:03:41	70	97	25
00:58	02m36.7s	17	23:54:25	251	288	8	00:56:42	70	103	00:59:18	250	283	02:06:11	69	95	26
01:00	02m38.9s	18	23:55:54	251	287	9	00:58:41	70	102	01:01:20	250	282	02:08:37	69	93	26
01:02	02m40.8s	19	23:57:26	251	286	10	01:00:40	70	101	01:03:21	250	280	02:10:59	69	92	27
01:04	02m42.6s	20	23:59:00	251	285	11	01:02:39	70	99	01:05:21	250	279	02:13:18	69	90	27
01:06	02m44.1s	20	00:00:37	250	284	12	01:04:38	70	98	01:07:22	250	278	02:15:34	69	88	28
01:08	02m45.5s	21	00:02:16	250	283	13	01:06:37	70	97	01:09:23	249	276	02:17:47	69	87	28
01:10	02m46.6s	21	00:03:57	250	282	14	01:08:37	69	95	01:11:23	249	275	02:19:57	69	85	28
01:12	02m47.6s	22	00:05:40	250	281	14	01:10:36	69	94	01:13:24	249	274	02:22:05	68	84	28
01:14	02m48.4s	22	00:07:25	250	280	15	01:12:36	69	93	01:15:24	249	272	02:24:10	68	83	28
01:16	02m49.1s	22	00:09:12	250	279	15	01:14:36	69	91	01:17:25	249	271	02:26:13	68	81	28
01:18	02m49.6s	23	00:11:00	250	277	16	01:16:35	69	90	01:19:25	249	270	02:28:13	68	80	28
01:20	02m49.9s	23	00:12:51	250	276	16	01:18:35	69	89	01:21:25	249	268	02:30:12	68	79	27
01:22	02m50.1s	23	00:14:44	250	275	17	01:20:35	69	88	01:23:25	249	267	02:32:08	68	77	27
01:24	02m50.1s	23	00:16:38	249	274	17	01:22:35	69	86	01:25:25	249	266	02:34:02	68	76	27
01:26	02m50.0s	23	00:18:34	249	273	17	01:24:35	69	85	01:27:25	249	265	02:35:54	68	75	26
01:28	02m49.7s	23	00:20:32	249	271	17	01:26:35	69	84	01:29:25	249	263	02:37:45	68	74	26
01:30	02m49.2s	23	00:22:32	249	270	18	01:28:35	69	83	01:31:25	249	262	02:39:33	68	73	25
01:32	02m48.6s	22	00:24:34	249	269	18	01:30:36	69	81	01:33:24	249	261	02:41:19	68	72	25
01:34	02m47.9s	22	00:26:38	249	268	18	01:32:36	69	80	01:35:24	249	260	02:43:03	68	71	24
01:36	02m46.9s	22	00:28:44	249	267	18	01:34:37	69	79	01:37:24	249	259	02:44:45	68	70	23
01:38	02m45.8s	21	00:30:53	249	265	18	01:36:37	69	78	01:39:23	249	258	02:46:25	68	69	23
01:40	02m44.5s	21	00:33:04	249	264	18	01:38:38	69	77	01:41:22	249	256	02:48:03	68	68	22
01:42	02m43.1s	20	00:35:17	249	263	17	01:40:39	69	76	01:43:22	249	255	02:49:38	69	67	21
01:44	02m41.4s	20	00:37:32	249	261	17	01:42:39	69	74	01:45:21	249	254	02:51:11	69	67	20
01:46	02m39.6s	19	00:39:51	249	260	17	01:44:40	69	73	01:47:20	249	253	02:52:42	69	66	19
01:48	02m37.5s	18	00:42:13	249	259	16	01:46:41	69	72	01:49:19	249	252	02:54:10	69	65	18
01:50	02m35.1s	17	00:44:38	249	258	16	01:48:42	69	71	01:51:18	249	251	02:55:35	69	65	17
01:52	02m32.5s	16	00:47:07	250	256	15	01:50:44	69	70	01:53:16	249	250	02:56:56	69	64	15
01:54	02m29.5s	15	00:49:41	250	255	14	01:52:45	70	69	01:55:15	250	249	02:58:13	69	64	14
01:56	02m26.1s	13	00:52:20	250	254	13	01:54:47	70	69	01:57:13	250	248	02:59:25	70	64	12
01:58	02m22.2s	12	00:55:08	250	252	12	01:56:49	70	68	01:59:11	250	248	03:00:30	70	63	10
02:00	02m17.4s	10	00:58:06	250	251	10	01:58:51	70	67	02:01:09	250	247	03:01:25	70	63	8
02:02	02m11.1s	7	01:01:26	251	249	7	02:00:54	71	66	02:03:06	251	246	03:02:00	71	64	5

Table 6

TOPOCENTRIC DATA AND PATH CORRECTIONS DUE TO LUNAR LIMB PROFILE
TOTAL SOLAR ECLIPSE OF 1997 MARCH 9

Universal Time	Moon Topo H.P. "	Moon Topo S.D. "	Moon Rel. Ang.V "/s	Topo Lib. Long °	Sun Alt. °	Sun Az. °	Path Az. °	North Limit P.A. °	North Limit Int. '	North Limit Ext. '	South Limit Int. '	South Limit Ext. '	Central Durat. Cor. s
00:44	3677.7	1001.4	0.556	1.68	3.7	101.4	93.0	342.8	1.0	3.0	-1.4	-5.2	-1.4
00:46	3682.3	1002.7	0.538	1.66	7.9	106.4	87.0	342.2	1.0	3.0	-0.7	-5.6	-1.4
00:48	3685.1	1003.5	0.528	1.65	10.4	109.7	83.1	341.8	0.9	2.9	0.2	-5.5	-1.3
00:50	3687.2	1004.0	0.520	1.63	12.3	112.4	79.7	341.4	0.9	2.9	0.3	-5.4	-1.3
00:52	3689.0	1004.5	0.513	1.61	13.9	114.9	76.7	341.1	0.8	2.9	0.4	-5.2	-1.4
00:54	3690.5	1004.9	0.508	1.60	15.2	117.2	73.9	340.8	0.8	2.8	0.4	-5.0	-1.4
00:56	3691.7	1005.3	0.503	1.58	16.4	119.3	71.2	340.6	0.7	2.7	0.5	-4.8	-1.4
00:58	3692.8	1005.6	0.499	1.56	17.4	121.4	68.8	340.4	0.7	2.7	0.5	-5.3	-1.4
01:00	3693.8	1005.8	0.495	1.55	18.3	123.4	66.4	340.2	0.7	2.6	0.6	-5.7	-1.4
01:02	3694.7	1006.1	0.492	1.53	19.1	125.4	64.2	340.0	0.6	2.5	0.7	-6.0	-1.4
01:04	3695.4	1006.3	0.489	1.51	19.8	127.3	62.1	339.8	0.6	2.4	0.7	-6.4	-1.4
01:06	3696.0	1006.4	0.487	1.49	20.4	129.3	60.1	339.7	0.6	2.4	0.7	-6.6	-1.5
01:08	3696.6	1006.6	0.485	1.48	21.0	131.2	58.2	339.5	0.6	2.4	0.8	-6.9	-1.5
01:10	3697.1	1006.7	0.483	1.46	21.4	133.0	56.4	339.4	0.5	2.5	0.8	-7.1	-1.5
01:12	3697.5	1006.8	0.481	1.44	21.8	134.9	54.7	339.3	0.5	2.5	0.9	-7.3	-1.5
01:14	3697.8	1006.9	0.480	1.43	22.2	136.8	53.0	339.1	0.5	2.6	0.9	-7.5	-1.5
01:16	3698.1	1007.0	0.479	1.41	22.4	138.7	51.5	339.0	0.5	2.6	0.9	-7.7	-1.5
01:18	3698.3	1007.1	0.478	1.39	22.6	140.6	50.0	339.0	0.4	2.6	1.0	-7.8	-1.5
01:20	3698.4	1007.1	0.478	1.37	22.8	142.5	48.6	338.9	0.4	2.6	1.0	-7.9	-1.5
01:22	3698.5	1007.1	0.477	1.36	22.8	144.4	47.3	338.8	0.4	2.6	1.0	-8.1	-1.5
01:24	3698.5	1007.1	0.477	1.34	22.9	146.3	46.0	338.8	0.4	2.6	1.1	-8.2	-1.5
01:26	3698.4	1007.1	0.478	1.32	22.8	148.2	44.9	338.7	0.4	2.6	1.1	-8.3	-1.5
01:28	3698.3	1007.1	0.478	1.31	22.7	150.2	43.8	338.7	0.4	2.6	1.1	-8.4	-1.5
01:30	3698.1	1007.0	0.479	1.29	22.5	152.1	42.7	338.7	0.4	2.8	1.1	-8.6	-1.8
01:32	3697.8	1006.9	0.480	1.27	22.3	154.1	41.7	338.7	0.4	2.8	1.1	-8.7	-1.8
01:34	3697.5	1006.8	0.481	1.26	22.0	156.2	40.8	338.7	0.4	2.8	1.1	-8.8	-1.8
01:36	3697.1	1006.7	0.482	1.24	21.7	158.2	39.9	338.7	0.4	2.9	1.1	-8.8	-1.8
01:38	3696.6	1006.6	0.484	1.22	21.3	160.3	39.1	338.7	0.4	2.9	1.1	-8.9	-1.8
01:40	3696.1	1006.5	0.486	1.20	20.8	162.5	38.3	338.8	0.5	3.0	1.1	-9.0	-1.8
01:42	3695.5	1006.3	0.488	1.19	20.2	164.7	37.6	338.8	0.5	3.0	1.1	-9.1	-1.8
01:44	3694.7	1006.1	0.491	1.17	19.6	167.0	36.9	338.9	0.5	3.1	1.1	-9.1	-1.7
01:46	3693.9	1005.9	0.494	1.15	18.8	169.4	36.3	339.0	0.5	3.2	1.1	-9.2	-1.7
01:48	3693.0	1005.6	0.497	1.14	18.0	171.9	35.8	339.1	0.5	3.2	1.1	-9.2	-1.7
01:50	3691.9	1005.3	0.501	1.12	17.0	174.6	35.3	339.2	0.6	3.3	1.1	-9.2	-1.7
01:52	3690.7	1005.0	0.505	1.10	16.0	177.5	34.9	339.4	0.6	3.3	1.0	-9.1	-1.6
01:54	3689.3	1004.6	0.510	1.08	14.7	180.6	34.6	339.5	0.6	3.3	1.0	-9.0	-2.2
01:56	3687.7	1004.2	0.516	1.07	13.3	184.2	34.4	339.7	0.7	3.3	0.9	-8.7	-2.2
01:58	3685.8	1003.7	0.523	1.05	11.6	188.4	34.4	340.0	0.7	3.5	0.8	-8.3	-2.2
02:00	3683.4	1003.0	0.532	1.03	9.5	193.8	34.9	340.3	0.8	3.7	0.7	-7.7	-2.3
02:02	3680.2	1002.1	0.544	1.02	6.6	201.8	36.6	340.7	0.9	4.0	0.6	-6.9	-2.4

Table 7
MAPPING COORDINATES FOR THE UMBRAL PATH
TOTAL SOLAR ECLIPSE OF 1997 MARCH 9

Longitude	Latitude of:			Universal Time at:			Circumstances on the Center Line			
	Northern Limit	Southern Limit	Center Line	Northern Limit h m s	Southern Limit h m s	Center Line h m s	Sun Alt °	Sun Az. °	Path Width km	Center Durat.
088°00.0′E	50°45.96′N	48°05.58′N	49°22.61′N	00:45:27	00:41:16	00:43:13	0	—	—	—
089°00.0′E	50°42.38′N	48°00.83′N	49°19.18′N	00:45:54	00:41:17	00:43:30	1	98	296	02m00.5s
090°00.0′E	50°39.58′N	47°56.57′N	49°15.60′N	00:45:59	00:41:21	00:43:35	2	99	299	02m01.9s
091°00.0′E	50°37.29′N	47°52.83′N	49°12.54′N	00:46:08	00:41:26	00:43:42	3	100	302	02m03.2s
092°00.0′E	50°35.55′N	47°49.63′N	49°10.05′N	00:46:20	00:41:34	00:43:52	3	101	305	02m04.6s
093°00.0′E	50°34.42′N	47°46.97′N	49°08.13′N	00:46:33	00:41:45	00:44:04	4	102	308	02m06.0s
094°00.0′E	50°33.93′N	47°44.88′N	49°06.80′N	00:46:49	00:41:57	00:44:18	5	102	311	02m07.4s
095°00.0′E	50°34.08′N	47°43.37′N	49°06.09′N	00:47:08	00:42:12	00:44:35	5	103	314	02m08.9s
096°00.0′E	50°34.90′N	47°42.47′N	49°06.00′N	00:47:29	00:42:30	00:44:54	6	104	317	02m10.4s
097°00.0′E	50°36.40′N	47°42.18′N	49°06.57′N	00:47:53	00:42:50	00:45:16	7	105	320	02m11.8s
098°00.0′E	50°38.60′N	47°42.53′N	49°07.80′N	00:48:20	00:43:13	00:45:41	7	106	323	02m13.3s
099°00.0′E	50°41.53′N	47°43.53′N	49°09.72′N	00:48:49	00:43:38	00:46:08	8	107	327	02m14.9s
100°00.0′E	50°45.21′N	47°45.22′N	49°12.34′N	00:49:21	00:44:06	00:46:38	9	108	330	02m16.4s
101°00.0′E	50°49.65′N	47°47.59′N	49°15.70′N	00:49:56	00:44:37	00:47:11	9	108	333	02m17.9s
102°00.0′E	50°54.88′N	47°50.69′N	49°19.81′N	00:50:33	00:45:11	00:47:46	10	109	336	02m19.5s
103°00.0′E	51°00.92′N	47°54.52′N	49°24.69′N	00:51:14	00:45:47	00:48:25	11	110	340	02m21.0s
104°00.0′E	51°07.79′N	47°59.12′N	49°30.36′N	00:51:57	00:46:27	00:49:06	11	111	343	02m22.6s
105°00.0′E	51°15.52′N	48°04.49′N	49°36.84′N	00:52:44	00:47:09	00:49:50	12	112	346	02m24.1s
106°00.0′E	51°24.12′N	48°10.66′N	49°44.17′N	00:53:33	00:47:54	00:50:37	13	113	349	02m25.7s
107°00.0′E	51°33.62′N	48°17.66′N	49°52.35′N	00:54:25	00:48:43	00:51:28	13	114	352	02m27.2s
108°00.0′E	51°44.04′N	48°25.51′N	50°01.41′N	00:55:20	00:49:34	00:52:21	14	115	354	02m28.7s
109°00.0′E	51°55.41′N	48°34.22′N	50°11.37′N	00:56:19	00:50:28	00:53:17	15	116	357	02m30.3s
110°00.0′E	52°07.73′N	48°43.82′N	50°22.25′N	00:57:20	00:51:26	00:54:16	15	117	359	02m31.8s
111°00.0′E	52°21.02′N	48°54.32′N	50°34.07′N	00:58:24	00:52:26	00:55:19	16	119	362	02m33.2s
112°00.0′E	52°35.31′N	49°05.76′N	50°46.85′N	00:59:31	00:53:30	00:56:24	17	120	364	02m34.7s
113°00.0′E	52°50.62′N	49°18.13′N	51°00.60′N	01:00:41	00:54:37	00:57:32	17	121	366	02m36.1s
114°00.0′E	53°06.94′N	49°31.47′N	51°15.34′N	01:01:53	00:55:46	00:58:43	18	122	367	02m37.5s
115°00.0′E	53°24.30′N	49°45.79′N	51°31.09′N	01:03:09	00:56:59	00:59:57	18	123	369	02m38.8s
116°00.0′E	53°42.70′N	50°01.09′N	51°47.84′N	01:04:27	00:58:14	01:01:14	19	125	370	02m40.1s
117°00.0′E	54°02.15′N	50°17.40′N	52°05.62′N	01:05:47	00:59:33	01:02:34	19	126	370	02m41.4s
118°00.0′E	54°22.64′N	50°34.71′N	52°24.43′N	01:07:10	01:00:54	01:03:56	20	127	371	02m42.5s
119°00.0′E	54°44.18′N	50°53.04′N	52°44.26′N	01:08:35	01:02:18	01:05:20	20	129	371	02m43.6s
120°00.0′E	55°06.76′N	51°12.39′N	53°05.12′N	01:10:03	01:03:44	01:06:47	21	130	371	02m44.7s
121°00.0′E	55°30.36′N	51°32.74′N	53°26.99′N	01:11:32	01:05:13	01:08:16	21	131	371	02m45.6s
122°00.0′E	55°54.97′N	51°54.11′N	53°49.87′N	01:13:02	01:06:44	01:09:47	21	133	370	02m46.5s
123°00.0′E	56°20.57′N	52°16.47′N	54°13.75′N	01:14:35	01:08:17	01:11:20	22	134	369	02m47.3s
124°00.0′E	56°47.14′N	52°39.81′N	54°38.59′N	01:16:08	01:09:52	01:12:55	22	136	368	02m48.0s
125°00.0′E	57°14.63′N	53°04.11′N	55°04.37′N	01:17:43	01:11:29	01:14:31	22	137	367	02m48.6s
126°00.0′E	57°43.01′N	53°29.34′N	55°31.07′N	01:19:18	01:13:07	01:16:08	22	139	365	02m49.1s
127°00.0′E	58°12.24′N	53°55.48′N	55°58.64′N	01:20:54	01:14:47	01:17:45	23	140	364	02m49.5s
128°00.0′E	58°42.28′N	54°22.48′N	56°27.04′N	01:22:30	01:16:27	01:19:24	23	142	362	02m49.8s
129°00.0′E	59°13.06′N	54°50.31′N	56°56.23′N	01:24:06	01:18:09	01:21:03	23	143	360	02m50.0s
130°00.0′E	59°44.54′N	55°18.93′N	57°26.16′N	01:25:42	01:19:50	01:22:41	23	145	358	02m50.1s

Table 7
MAPPING COORDINATES FOR THE UMBRAL PATH
TOTAL SOLAR ECLIPSE OF 1997 MARCH 9

Longitude	Latitude of:			Universal Time at:			Circumstances on the Center Line			
	Northern Limit	Southern Limit	Center Line	Northern Limit h m s	Southern Limit h m s	Center Line h m s	Sun Alt °	Sun Az. °	Path Width km	Center Durat.
131°00.0′E	60°16.64′N	55°48.27′N	57°56.76′N	01:27:17	01:21:32	01:24:20	23	147	355	02m50.1s
132°00.0′E	60°49.32′N	56°18.28′N	58°27.98′N	01:28:51	01:23:13	01:25:58	23	148	353	02m50.0s
133°00.0′E	61°22.50′N	56°48.91′N	58°59.76′N	01:30:24	01:24:55	01:27:36	23	150	351	02m49.8s
134°00.0′E	61°56.11′N	57°20.10′N	59°32.03′N	01:31:55	01:26:35	01:29:12	23	151	348	02m49.4s
135°00.0′E	62°30.08′N	57°51.77′N	60°04.73′N	01:33:25	01:28:15	01:30:47	22	153	346	02m49.0s
136°00.0′E	63°04.35′N	58°23.87′N	60°37.77′N	01:34:54	01:29:53	01:32:20	22	154	344	02m48.5s
137°00.0′E	63°38.84′N	58°56.32′N	61°11.11′N	01:36:20	01:31:30	01:33:52	22	156	341	02m47.9s
138°00.0′E	64°13.48′N	59°29.06′N	61°44.66′N	01:37:44	01:33:06	01:35:22	22	158	339	02m47.2s
139°00.0′E	64°48.20′N	60°02.02′N	62°18.37′N	01:39:05	01:34:39	01:36:50	22	159	337	02m46.5s
140°00.0′E	65°22.94′N	60°35.13′N	62°52.15′N	01:40:24	01:36:10	01:38:15	21	161	334	02m45.7s
141°00.0′E	65°57.63′N	61°08.32′N	63°25.95′N	01:41:40	01:37:40	01:39:38	21	162	332	02m44.8s
142°00.0′E	66°32.21′N	61°41.55′N	63°59.71′N	01:42:54	01:39:06	01:40:59	21	164	330	02m43.9s
143°00.0′E	67°06.62′N	62°14.73′N	64°33.35′N	01:44:05	01:40:31	01:42:17	20	165	328	02m42.9s
144°00.0′E	67°40.80′N	62°47.81′N	65°06.84′N	01:45:13	01:41:52	01:43:32	20	166	326	02m41.8s
145°00.0′E	68°14.69′N	63°20.74′N	65°40.10′N	01:46:18	01:43:11	01:44:44	19	168	325	02m40.8s
146°00.0′E	68°48.25′N	63°53.47′N	66°13.10′N	01:47:20	01:44:27	01:45:53	19	169	323	02m39.7s
147°00.0′E	69°21.44′N	64°25.94′N	66°45.78′N	01:48:19	01:45:41	01:47:00	18	171	321	02m38.5s
148°00.0′E	69°54.19′N	64°58.11′N	67°18.10′N	01:49:15	01:46:51	01:48:03	18	172	320	02m37.4s
149°00.0′E	70°26.49′N	65°29.94′N	67°50.03′N	01:50:09	01:47:59	01:49:04	17	173	318	02m36.2s
150°00.0′E	70°58.28′N	66°01.39′N	68°21.51′N	01:50:59	01:49:04	01:50:02	17	175	317	02m35.1s
151°00.0′E	71°29.54′N	66°32.42′N	68°52.53′N	01:51:47	01:50:06	01:50:57	17	176	315	02m33.9s
152°00.0′E	72°00.23′N	67°03.01′N	69°23.04′N	01:52:32	01:51:05	01:51:50	16	177	314	02m32.7s
153°00.0′E	72°30.32′N	67°33.12′N	69°53.02′N	01:53:14	01:52:01	01:52:39	16	178	313	02m31.6s
154°00.0′E	72°59.80′N	68°02.73′N	70°22.46′N	01:53:54	01:52:55	01:53:26	15	180	312	02m30.4s
155°00.0′E	73°28.65′N	68°31.83′N	70°51.33′N	01:54:32	01:53:46	01:54:11	15	181	311	02m29.2s
156°00.0′E	73°56.83′N	69°00.38′N	71°19.60′N	01:55:07	01:54:34	01:54:53	14	182	310	02m28.1s
157°00.0′E	74°24.34′N	69°28.37′N	71°47.27′N	01:55:39	01:55:20	01:55:32	14	183	309	02m26.9s
158°00.0′E	74°51.16′N	69°55.80′N	72°14.33′N	01:56:10	01:56:04	01:56:10	13	184	308	02m25.8s
159°00.0′E	75°17.29′N	70°22.65′N	72°40.76′N	01:56:38	01:56:45	01:56:45	13	186	307	02m24.7s
160°00.0′E	75°42.71′N	70°48.91′N	73°06.55′N	01:57:05	01:57:24	01:57:17	12	187	306	02m23.6s
161°00.0′E	76°07.42′N	71°14.57′N	73°31.70′N	01:57:29	01:58:00	01:57:48	12	188	305	02m22.6s
162°00.0′E	76°31.42′N	71°39.64′N	73°56.21′N	01:57:52	01:58:35	01:58:17	11	189	305	02m21.6s
163°00.0′E	76°54.71′N	72°04.10′N	74°20.08′N	01:58:13	01:59:07	01:58:44	11	190	304	02m20.5s
164°00.0′E	77°17.28′N	72°27.95′N	74°43.30′N	01:58:32	01:59:38	01:59:09	10	191	303	02m19.5s
165°00.0′E	77°39.14′N	72°51.21′N	75°05.87′N	01:58:50	02:00:06	01:59:33	10	192	303	02m18.6s
166°00.0′E	78°00.29′N	73°13.86′N	75°27.81′N	01:59:06	02:00:33	01:59:54	10	193	302	02m17.6s
167°00.0′E	78°20.75′N	73°35.91′N	75°49.11′N	01:59:21	02:00:59	02:00:15	9	195	301	02m16.7s
168°00.0′E	78°40.52′N	73°57.37′N	76°09.78′N	01:59:35	02:01:22	02:00:34	9	196	301	02m15.8s
169°00.0′E	78°59.60′N	74°18.24′N	76°29.83′N	01:59:47	02:01:44	02:00:51	8	197	300	02m15.0s
170°00.0′E	79°18.02′N	74°38.53′N	76°49.27′N	01:59:59	02:02:05	02:01:07	8	198	300	02m14.1s

Table 7
MAPPING COORDINATES FOR THE UMBRAL PATH
TOTAL SOLAR ECLIPSE OF 1997 MARCH 9

Longitude	Latitude of:			Universal Time at:			Circumstances on the Center Line			
	Northern Limit	Southern Limit	Center Line	Northern Limit	Southern Limit	Center Line	Sun Alt °	Sun Az. °	Path Width km	Center Durat.
				h m s	h m s	h m s				
171° 00.0′E	79° 35.78′N	74° 58.25′N	77° 08.10′N	02:00:09	02:02:24	02:01:22	8	199	300	02m13.3s
172° 00.0′E	79° 52.89′N	75° 17.40′N	77° 26.33′N	02:00:19	02:02:42	02:01:36	7	200	299	02m12.5s
173° 00.0′E	80° 09.38′N	75° 35.99′N	77° 43.99′N	02:00:27	02:02:59	02:01:49	7	201	299	02m11.7s
174° 00.0′E	80° 25.25′N	75° 54.03′N	78° 01.07′N	02:00:35	02:03:15	02:02:01	7	202	298	02m11.0s
175° 00.0′E	80° 40.52′N	76° 11.53′N	78° 17.58′N	02:00:42	02:03:29	02:02:12	6	203	298	02m10.3s
176° 00.0′E	80° 55.22′N	76° 28.51′N	78° 33.56′N	02:00:48	02:03:43	02:02:22	6	204	298	02m09.6s
177° 00.0′E	81° 09.34′N	76° 46.00′N	78° 48.99′N	02:00:54	02:04:07	02:02:31	6	205	297	02m08.9s
178° 00.0′E	81° 22.92′N	77° 00.92′N	79° 03.91′N	02:00:59	02:04:07	02:02:40	5	206	297	02m08.2s
179° 00.0′E	81° 35.97′N	77° 16.38′N	79° 18.31′N	02:01:04	02:04:18	02:02:47	5	207	297	02m07.6s
180° 00.0′E	81° 48.51′N	77° 31.36′N	79° 32.23′N	02:01:08	02:04:28	02:02:55	5	208	296	02m07.0s
179° 00.0′W	82° 00.56′N	77° 45.86′N	79° 45.66′N	02:01:11	02:04:37	02:03:01	4	209	296	02m06.4s
178° 00.0′W	82° 12.13′N	77° 59.90′N	79° 58.62′N	02:01:14	02:04:45	02:03:07	4	210	296	02m05.8s
177° 00.0′W	82° 23.24′N	78° 13.50′N	80° 11.14′N	02:01:17	02:04:53	02:03:12	4	211	295	02m05.2s
176° 00.0′W	82° 33.89′N	78° 26.66′N	80° 23.21′N	02:01:19	02:05:00	02:03:17	4	212	295	02m04.7s
175° 00.0′W	82° 44.08′N	78° 39.39′N	80° 34.85′N	02:01:22	02:05:07	02:03:21	3	213	295	02m04.2s
174° 00.0′W	82° 53.84′N	78° 51.71′N	80° 46.09′N	02:01:24	02:05:13	02:03:25	3	214	295	02m03.7s
173° 00.0′W	83° 03.18′N	79° 03.64′N	80° 56.93′N	02:01:29	02:05:19	02:03:29	3	215	295	02m03.2s
172° 00.0′W	83° 12.11′N	79° 15.17′N	81° 07.38′N	02:01:36	02:05:24	02:03:32	3	216	294	02m02.7s
171° 00.0′W	83° 20.66′N	79° 26.32′N	81° 17.45′N	02:01:49	02:05:28	02:03:35	2	217	294	02m02.2s
170° 00.0′W	83° 28.88′N	79° 37.11′N	81° 27.17′N	02:02:10	02:05:32	02:03:37	2	218	294	02m01.8s
169° 00.0′W	83° 36.82′N	79° 47.54′N	81° 36.54′N	02:02:44	02:05:36	02:03:39	2	219	294	02m01.4s
168° 00.0′W	83° 44.54′N	79° 57.62′N	81° 45.58′N	02:03:34	02:05:40	02:03:41	2	220	294	02m00.9s
167° 00.0′W	83° 52.11′N	80° 07.37′N	81° 54.28′N	02:04:47	02:05:43	02:03:43	2	221	293	02m00.5s
166° 00.0′W	—	80° 16.80′N	82° 02.68′N	—	02:05:45	02:03:44	1	222	293	02m00.1s
165° 00.0′W	—	80° 25.91′N	82° 10.78′N	—	02:05:48	02:03:46	1	223	293	01m59.7s
164° 00.0′W	—	80° 34.71′N	82° 18.58′N	—	02:05:50	02:03:47	1	224	293	01m59.4s
163° 00.0′W	—	80° 43.23′N	82° 26.10′N	—	02:05:52	02:03:47	1	225	293	01m59.0s
162° 00.0′W	—	80° 51.46′N	82° 33.35′N	—	02:05:53	02:03:48	1	226	292	01m58.7s
161° 00.0′W	—	80° 59.43′N	82° 40.34′N	—	02:05:55	02:03:48	0	227	292	01m58.3s
160° 00.0′W	—	81° 07.13′N	82° 47.08′N	—	02:05:56	02:03:49	0	228	292	01m58.0s
159° 00.0′W	—	81° 14.57′N	82° 53.57′N	—	02:05:57	02:03:50	0	—	—	—

Table 8a
CIRCUMSTANCES AT MAXIMUM ECLIPSE ON 1997 MARCH 9
FOR RUSSIA

Location Name	Latitude	Longitude	Elev. m	U.T. of Maximum Eclipse h m s	P °	V °	Sun Alt °	Sun Azm °	Eclip. Mag.	Eclip. Obs.	Umbral Duration
RUSSIA											
Abakan	53°43.0′N	091°26.0′E	—	00:51:40.0	163	198	3	102	0.965	0.964	
Acinsk	56°17.0′N	090°30.0′E	—	00:56:00.7	163	196	3	102	0.940	0.933	
Aksha	50°17.0′N	113°17.0′E	—	00:56:30.5	340	14	18	121	1.040	1.000	02m19.8s
Aldan	58°37.0′N	125°22.0′E	—	01:20:01.1	159	179	20	140	0.989	0.992	
Angarsk	52°34.0′N	103°54.0′E	—	00:54:26.1	162	196	11	113	0.984	0.986	
Anzero-Sudzensk	56°07.0′N	086°00.0′E	—	00:54:50.1	163	197	1	98	0.943	0.937	
Balej	51°36.0′N	116°38.0′E	—	01:01:25.8	340	11	19	125	1.041	1.000	02m37.7s
Barguzin	53°37.0′N	109°38.0′E	—	00:59:40.0	161	192	14	119	0.984	0.986	
Barnaul	53°22.0′N	083°45.0′E	—	00:56 Rise	—	—	0	97	0.903	0.885	
Bijsk	52°34.0′N	085°15.0′E	—	00:48:31.0	163	201	0	97	0.981	0.983	
Blagovescensk	50°17.0′N	127°32.0′E	—	01:09:55.0	338	4	26	137	0.955	0.953	
Borz'a	50°24.0′N	116°31.0′E	—	00:59:19.1	340	12	20	124	1.041	1.000	01m22.7s
Bratsk	56°05.0′N	101°48.0′E	—	00:59:37.9	162	193	9	113	0.947	0.942	
Ceremchovo	53°09.0′N	103°05.0′E	—	00:55:02.7	162	196	11	112	0.977	0.978	
Cernogorsk	53°49.0′N	091°18.0′E	—	00:51:48.7	163	198	3	102	0.964	0.962	
Chabarovsk	48°27.0′N	135°06.0′E	—	01:16:21.9	337	359	31	146	0.886	0.866	
Chadan	51°16.0′N	091°35.0′E	—	00:47:23.8	163	201	3	101	0.992	0.994	
Chara	56°55.0′N	118°22.0′E	—	01:11:34.2	160	185	18	131	0.978	0.980	
Cita	52°03.0′N	113°30.0′E	—	00:59:41.7	160	192	17	122	1.040	1.000	02m14.6s
Chokurdakh	70°37.0′N	147°53.0′E	—	01:49:28.9	160	162	15	172	0.995	0.997	
Chulman	56°50.0′N	124°52.0′E	—	01:16:59.6	159	181	21	138	1.042	1.000	01m28.6s
Datsan Sanaga	50°43.0′N	102°49.0′E	—	00:50:36.6	162	198	11	111	1.038	1.000	01m18.3s
Dumakon	63°16.0′N	143°09.0′E	—	01:41:26.6	339	345	21	165	1.042	1.000	02m14.8s
Irkutsk	52°16.0′N	104°20.0′E	503	00:54:08.0	161	196	11	113	0.988	0.990	
Jakutsk	62°00.0′N	129°40.0′E	—	01:28:14.5	159	174	19	147	0.980	0.983	
Juzno-Sachalinsk	46°58.0′N	142°42.0′E	—	01:24:57.1	336	352	36	157	0.807	0.767	
Kansk	56°13.0′N	095°41.0′E	—	00:57:23.8	162	195	6	107	0.941	0.934	
Kazantsevo	51°30.0′N	095°31.0′E	—	00:48:56.4	162	200	6	105	0.989	0.992	
Kemerovo	55°20.0′N	086°05.0′E	—	00:53:27.7	163	198	1	98	0.951	0.946	
Khonu	66°27.0′N	143°14.0′E	—	01:43:48.7	159	165	18	166	1.041	1.000	01m52.9s
Kisel'ovsk	54°00.0′N	086°39.0′E	—	00:51:12.1	163	199	1	98	0.964	0.962	
Komsomol'sk-na-Amune	50°35.0′N	137°02.0′E	—	01:21:41.0	337	356	31	150	0.902	0.887	
Kosh Agach	50°01.0′N	088°44.0′E	—	00:44:38.3	163	203	2	98	1.035	1.000	01m44.3s
Krasnojarsk	56°01.0′N	092°50.0′E	163	00:56:08.6	163	196	4	104	0.942	0.935	
Krasnyy Chikoy	50°22.0′N	108°45.0′E	—	00:53:25.8	161	196	15	116	1.040	1.000	02m28.5s
Kumara	51°34.0′N	126°43.0′E	—	01:10:58.4	339	4	25	137	0.975	0.977	
Kyzyl	51°42.0′N	094°27.0′E	—	00:48:56.9	163	200	5	104	0.987	0.989	
Leninsk-Kuzneckij	54°38.0′N	086°10.0′E	—	00:52:14.4	163	198	1	98	0.958	0.955	
Magadan	59°34.0′N	150°48.0′E	—	01:46:34.3	338	341	26	174	0.926	0.917	
Mezdurecensk	53°42.0′N	088°03.0′E	—	00:50:54.5	163	199	1	99	0.966	0.965	
Mogocha	53°44.0′N	119°47.0′E	—	01:07:38.6	160	187	20	130	1.041	1.000	02m32.2s
Nachodka	42°48.0′N	132°52.0′E	—	01:05:11.0	337	6	34	139	0.816	0.777	
Nerchinskiy Zavo	51°19.0′N	119°37.0′E	—	01:03:34.0	340	9	21	128	1.042	1.000	01m21.9s
Noril'sk	69°20.0′N	088°06.0′E	—	01:19:11.3	162	183	1	106	0.871	0.845	
Novokuzneck	53°45.0′N	087°06.0′E	—	00:50:50.0	163	199	1	98	0.966	0.965	
Novosibirsk	55°02.0′N	082°55.0′E	—	01:00 Rise	—	—	0	97	0.866	0.839	
Okhotskiy Perevo	65°53.0′N	135°33.0′E	—	01:37:18.4	159	169	18	156	0.978	0.979	
Onguday	50°45.0′N	086°09.0′E	—	00:45:30.5	163	203	0	97	1.035	1.000	00m52.0s
Petropavlovsk-Kamcha	53°01.0′N	158°39.0′E	94	01:52:37.9	336	333	32	185	0.772	0.722	
Petrovsk Zabajkal's...	51°17.0′N	108°50.0′E	—	00:55:05.0	161	195	14	117	1.040	1.000	01m52.7s
Prokopjevsk	53°53.0′N	086°45.0′E	—	00:51:00.7	163	199	1	98	0.965	0.964	
Skovorodina	54°00.0′N	123°58.0′E	—	01:11:54.0	339	4	22	135	1.042	1.000	02m40.5s
Tomsk	56°30.0′N	084°58.0′E	—	00:55:22.0	163	197	0	98	0.940	0.933	
Tungokochen	53°34.0′N	115°34.0′E	—	01:03:51.5	160	189	18	125	1.041	1.000	00m15.8s
Uakit	55°28.0′N	113°38.0′E	—	01:05:35.5	160	189	16	124	0.976	0.977	
Ulan-Ude	51°50.0′N	107°37.0′E	—	00:55:16.3	161	195	14	116	0.998	0.999	
Usolje-Sibirskoje	52°47.0′N	103°38.0′E	—	00:54:40.7	162	196	11	113	0.981	0.983	
Ussurijsk	43°48.0′N	131°59.0′E	—	01:05:30.5	337	6	33	138	0.838	0.805	
Ust'Ilimsk	58°00.0′N	102°39.0′E	—	01:03:26.7	162	191	9	115	0.932	0.924	
Vitim	59°27.0′N	112°35.0′E	—	01:11:32.7	161	185	14	126	0.940	0.934	
Vladivostok	43°06.0′N	131°47.0′E	31	01:04:10.5	337	7	33	137	0.828	0.793	
Zeya	53°45.0′N	127°14.0′E	—	01:14:45.8	339	2	24	139	0.997	0.999	
Zyryanka	65°44.0′N	150°54.0′E	—	01:49:41.2	339	341	20	175	0.993	0.996	

Table 8b
LOCAL CIRCUMSTANCES DURING THE TOTAL SOLAR ECLIPSE OF 1997 MARCH 9 FOR RUSSIA

Location Name	First Contact U.T. h m s	P °	V °	Alt °	Second Contact U.T. h m s	P °	V °	Alt °	Third Contact U.T. h m s	P °	V °	Alt °	Fourth Contact U.T. h m s	P °	V °	Alt °
RUSSIA																
Abakan	—				—				—				01:52:25.8	75	108	12
Acinsk	—				—				—				01:56:21.6	77	107	11
Aksha	23:52:55.0	252	290	8	00:55:20.7	98	131	17	00:57:40.5	223	257	18	02:04:49.7	69	95	26
Aldan	00:14:11.0	248	274	14	—				—				02:28:47.9	70	82	25
Angarsk	23:53:57.8	250	287	3	—				—				01:59:13.6	73	102	20
Anzero-Sudzen...	—				—				—				01:53:58.6	77	108	8
Balej	23:56:48.5	251	287	11	01:00:07.1	82	113	19	01:02:44.9	238	269	19	02:10:31.9	69	92	27
Barguzin	23:57:27.9	250	285	6	—				—				02:06:06.2	72	97	22
Barnaul	—				—				—				01:48:17.1	75	110	7
Bijsk	—				—				—				01:47:28.5	75	110	8
Blagovescensk	00:01:35.1	253	287	18	—				—				02:22:23.9	64	79	33
Borz'a	23:54:37.9	252	289	11	00:58:37.8	129	161	20	01:00:00.5	191	223	20	02:08:40.6	68	92	28
Bratsk	23:59:52.4	248	282	2	—				—				02:03:13.0	75	102	17
Ceremchovo	23:54:49.8	250	286	2	—				—				01:59:29.3	73	102	19
Cernogorsk	—				—				—				01:52:31.8	75	108	12
Chabarovsk	00:05:34.4	256	288	24	—				—				02:30:46.8	59	67	36
Chadan	—				—				—				01:48:16.7	74	109	12
Chara	00:07:11.7	248	278	11	—				—				02:19:30.3	72	89	24
Cita	23:56:08.6	251	287	8	00:58:34.6	40	72	17	01:00:49.1	281	312	17	02:07:42.3	70	94	25
Chokurdakh	00:45:21.1	248	256	13	—				—				02:53:53.9	71	68	15
Chulman	00:10:48.6	249	277	14	01:16:15.3	12	33	21	01:17:44.0	307	328	21	02:26:25.9	70	82	26
Datsan Sanaga	23:50:28.7	252	291	2	00:49:57.6	15	52	11	00:51:15.8	308	344	11	01:55:16.0	72	103	20
Dumakon	00:34:08.6	250	264	18	01:40:19.2	104	111	21	01:42:34.0	213	220	21	02:49:42.3	68	66	22
Irkutsk	23:53:31.4	250	288	3	—				—				01:59:06.7	72	102	20
Jakutsk	00:22:31.5	248	269	14	—				—				02:36:08.3	71	78	23
Juzno-Sachali...	00:12:23.3	259	287	29	—				—				02:40:06.3	53	53	39
Kansk	—				—				—				01:59:11.9	76	105	14
Kazantsevo	—				—				—				01:51:05.0	73	107	15
Kemerovo	—				—				—				01:52:38.7	76	109	8
Khonu	00:37:59.4	249	261	16	01:42:52.3	25	30	18	01:44:45.1	294	299	18	02:50:23.5	70	68	19
Kisel'ovsk	—				—				—				01:50:33.9	76	109	9
Komsomol'sk-n...	00:10:49.5	255	283	24	—				—				02:35:34.8	60	65	35
Kosh Agach	—				00:43:46.3	43	83	1	00:45:30.6	283	323	2	01:44:36.0	73	110	11
Krasnojarsk	—				—				—				01:57:09.6	76	106	12
Krasnyy Chikoy	23:51:22.2	252	290	5	00:52:11.8	63	99	14	00:54:40.2	258	294	15	02:00:11.2	70	99	23
Kumara	00:03:06.4	252	285	17	—				—				02:22:50.3	65	80	31
Kyzyl	—				—				—				01:50:44.2	74	108	14
Leninsk-Kuzne...	—				—				—				01:51:27.6	76	109	8
Magadan	00:37:00.3	253	266	23	—				—				02:56:29.3	62	55	25
Mezdurecensk	—				—				—				01:50:40.7	75	109	10
Mogocha	00:02:17.1	250	283	12	01:06:22.6	48	75	20	01:08:54.8	271	298	20	02:17:01.8	69	88	27
Nachodka	23:54:41.1	260	299	24	—				—				02:20:28.5	54	69	41
Nerchinskiy Z...	23:57:55.7	251	287	12	01:02:53.2	130	160	21	01:04:15.0	189	219	21	02:13:38.6	68	88	29
Noril'sk	—				—				—				02:17:39.5	80	98	6
Novokuzneck	—				—				—				01:50:19.7	75	109	9
Novosibirsk	—				—				—				01:50:53.6	76	110	7
Okhotskiy Per...	00:32:07.4	247	263	14	—				—				02:43:49.8	71	74	19
Onguday	—				00:45:04.6	10	49	0	00:45:56.5	317	356	0	01:44:41.2	74	111	9
Petropavlovsk...	00:41:02.6	261	270	31	—				—				03:03:34.2	52	37	30
Petrovsk Zaba...	23:53:01.0	251	289	5	00:54:08.8	30	64	14	00:56:01.5	292	326	15	02:01:43.1	71	99	23
Prokopjevsk	—				—				—				01:50:24.3	75	109	9
Skovorodina	00:05:19.4	250	281	15	01:10:33.9	87	112	22	01:13:14.4	231	256	23	02:22:15.2	68	83	28
Tomsk	—				—				—				01:54:13.5	77	108	8
Tungokochen	23:59:47.6	250	284	10	01:03:43.7	346	15	18	01:03:59.5	334	4	18	02:12:06.5	70	92	25
Uakit	00:02:21.5	249	281	8	—				—				02:12:44.7	72	93	23
Ulan-Ude	23:53:37.0	251	288	5	—				—				02:01:24.3	71	100	22
Usolje-Sibirs...	23:54:17.4	250	287	2	—				—				01:59:21.1	73	102	19
Ussurijsk	23:55:15.1	259	297	23	—				—				02:20:31.1	56	71	40
Ust'Ilimsk	00:03:33.5	247	279	2	—				—				02:06:54.6	76	100	17
Vitim	00:09:12.0	247	275	7	—				—				02:17:12.5	74	93	20
Vladivostok	23:53:59.6	259	299	23	—				—				02:19:14.3	55	71	40
Zeya	00:07:11.1	251	281	17	—				—				02:25:56.1	67	79	30
Zyryanka	00:42:59.0	251	260	18	—				—				02:56:34.8	67	62	19

Table 9a
CIRCUMSTANCES AT MAXIMUM ECLIPSE ON 1997 MARCH 9
FOR MONGOLIA, KAZAKHSTAN AND THE KOREAS'

Location Name	Latitude	Longitude	Elev. m	U.T. of Maximum Eclipse h m s	P °	V °	Sun Alt °	Sun Azm °	Eclip. Mag.	Eclip. Obs.	Umbral Duration
MONGOLIA											
Altai	46°24.0'N	096°15.0'E	—	00:40:20.7	343	25	6	103	0.982	0.984	
Bajan Uul	49°10.0'N	112°50.0'E	—	00:54:14.8	340	15	18	120	0.999	1.000	
Barunhara	48°55.0'N	106°44.0'E	—	00:49:37.8	341	19	13	113	1.039	1.000	02m00.2s
Bulgan	48°48.0'N	103°33.0'E	—	00:47:37.5	342	20	11	110	1.039	1.000	02m08.2s
Choybalsan	48°04.0'N	114°30.0'E	—	00:53:40.8	340	16	19	121	0.980	0.983	
Darchan	49°28.0'N	105°56.0'E	—	00:50:06.8	341	18	13	113	1.039	1.000	02m23.7s
Hovdo	48°01.0'N	091°39.0'E	—	00:41:48.8	343	25	3	100	1.036	1.000	01m01.5s
Moron	49°38.0'N	100°10.0'E	—	00:47:27.2	162	200	9	108	1.038	1.000	02m11.3s
Ondorchaan	47°19.0'N	110°39.0'E	—	00:49:26.5	341	19	16	116	0.980	0.983	
Suchbaatar	50°15.0'N	106°12.0'E	—	00:51:38.5	161	197	13	114	1.039	1.000	02m19.1s
Ugli	48°58.0'N	088°58.0'E	—	00:42:53.4	343	24	2	98	1.035	1.000	01m56.0s
Ulaanbaatar	47°55.0'N	106°53.0'E	1406	00:47:58.3	341	20	14	113	0.996	0.998	
Ulangom	49°51.0'N	092°04.0'E	—	00:45:03.3	163	202	4	101	1.036	1.000	01m48.9s
Ulyaa	47°45.0'N	096°51.0'E	—	00:42:51.7	342	23	7	104	1.037	1.000	00m34.2s
KAZAKHSTAN											
Pavlodar	52°18.0'N	076°57.0'E	—	01:22 Rise	—	—	0	97	0.395	0.282	
Semipalatinsk	50°28.0'N	080°13.0'E	—	01:08 Rise	—	—	0	96	0.601	0.511	
Taldy-Kurgan	45°00.0'N	078°23.0'E	—	01:12 Rise	—	—	0	96	0.360	0.247	
Ust'Kamenogorsk	49°58.0'N	082°38.0'E	—	00:58 Rise	—	—	0	96	0.769	0.716	
NORTH KOREA											
Ch'ongjin	41°47.0'N	129°50.0'E	—	00:59:33.0	338	11	32	134	0.819	0.782	
Hungnam	39°50.0'N	127°38.0'E	—	00:53:36.8	338	15	31	129	0.800	0.757	
Kaesong	37°59.0'N	126°33.0'E	—	00:49:15.8	338	18	31	126	0.774	0.725	
Kimch'aek	40°41.0'N	129°12.0'E	—	00:56:59.1	338	12	32	132	0.805	0.764	
P'yongyang	39°01.0'N	125°45.0'E	31	00:49:57.5	338	17	30	126	0.797	0.753	
Sinuiju	40°05.0'N	124°24.0'E	—	00:50:05.7	339	17	29	125	0.822	0.785	
Wonsan	39°09.0'N	127°25.0'E	—	00:52:14.3	338	16	32	128	0.790	0.744	
SOUTH KOREA											
Anyang	37°23.0'N	126°55.0'E	—	00:48:45.0	338	18	32	126	0.761	0.708	
Ch'ongju	36°39.0'N	127°31.0'E	—	00:48:19.7	338	19	32	126	0.744	0.687	
Chonju	35°49.0'N	127°08.0'E	—	00:46:29.5	338	20	32	125	0.731	0.671	
Inch'on	37°28.0'N	126°38.0'E	—	00:48:31.8	338	18	31	126	0.765	0.712	
Kwangju	35°09.0'N	126°54.0'E	—	00:45:07.1	338	21	32	124	0.720	0.657	
Masan	35°11.0'N	128°32.0'E	—	00:47:17.6	338	19	34	126	0.711	0.645	
P'ohang	36°03.0'N	129°20.0'E	—	00:49:45.3	337	17	34	128	0.722	0.659	
Pusan	35°08.0'N	129°05.0'E	2	00:47:56.9	337	19	34	127	0.706	0.640	
Seoul	37°33.0'N	126°58.0'E	11	00:49:05.0	338	18	32	126	0.764	0.712	
Songnam'si	37°26.0'N	127°08.0'E	—	00:49:06.3	338	18	32	126	0.761	0.708	
Suwon	37°17.0'N	127°01.0'E	—	00:48:42.9	338	18	32	126	0.759	0.705	
Taegu	35°50.0'N	128°35.0'E	—	00:48:24.3	338	18	34	127	0.723	0.660	
Taejon	36°20.0'N	127°26.0'E	—	00:47:42.6	338	19	33	126	0.739	0.681	
Ulsan	35°34.0'N	129°19.0'E	—	00:48:57.5	337	18	34	127	0.713	0.648	

Table 9b
LOCAL CIRCUMSTANCES DURING THE TOTAL SOLAR ECLIPSE OF 1997 MARCH 9 FOR MONGOLIA, KAZAKHSTAN AND THE KOREAS[1]

Location Name	First Contact U.T. h m s	P °	V °	Alt °	Second Contact U.T. h m s	P °	V °	Alt °	Third Contact U.T. h m s	P °	V °	Alt °	Fourth Contact U.T. h m s	P °	V °	Alt °
MONGOLIA																
Altai	—				—				—				01:42:46.5	70	109	16
Bajan Uul	23:50:46.3	253	292	8	—				—				02:02:37.1	68	96	26
Barunhara	23:48:15.1	253	293	4	00:48:37.8	106	144	13	00:50:38.0	216	253	14	01:55:51.4	70	101	23
Bulgan	23:47:18.9	253	294	2	00:46:33.5	97	136	11	00:48:41.7	226	265	11	01:52:42.4	70	104	21
Choybalsan	23:49:35.9	253	293	9	—				—				02:02:49.1	67	95	28
Darchan	23:48:59.6	252	292	4	00:48:55.1	81	118	13	00:51:18.8	242	279	13	01:55:59.7	70	102	22
Hovdo	—				00:41:18.1	133	175	3	00:42:19.6	193	234	3	01:42:40.1	71	110	13
Moron	23:48:11.7	252	293	0	00:46:21.7	56	94	9	00:48:32.9	268	306	9	01:51:16.3	71	105	18
Ondorchaan	23:46:44.4	254	295	7	—				—				01:57:16.7	68	98	26
Suchbaatar	23:50:25.5	252	291	4	00:50:29.1	54	90	13	00:52:48.2	269	305	13	01:57:31.6	71	101	22
Ugli	—				00:41:55.5	89	130	1	00:43:51.5	238	279	2	01:42:53.2	72	111	11
Ulaanbaatar	23:46:34.2	253	295	4	—				—				01:54:21.0	69	101	23
Ulangom	—				00:44:08.9	44	83	3	00:45:57.9	282	322	4	01:46:05.9	73	109	13
Ulyaa	—				00:42:34.7	147	189	7	00:43:08.9	178	219	7	01:45:32.7	71	108	16
KAZAKHSTAN																
Pavlodar	—				—				—				01:44:24.6	75	112	3
Semipalatinsk	—				01:07:41.2				01:07:41.2				01:42:04.0	73	112	5
Taldy-Kurgan	—				—				—				01:32:10.2	69	114	3
Ust'Kamenogor...	—				00:57:42.8				00:57:42.8				01:41:57.7	73	112	6
NORTH KOREA																
Ch'ongjin	23:50:04.8	260	302	22	—				—				02:14:19.0	55	74	40
Hungnam	23:45:08.9	262	306	20	—				—				02:07:50.4	54	78	41
Kaesong	23:41:33.7	263	310	20	—				—				02:03:01.3	53	80	41
Kimch'aek	23:47:50.9	261	304	21	—				—				02:11:38.1	54	75	41
P'yongyang	23:42:19.6	262	308	19	—				—				02:03:34.9	54	81	40
Sinuiju	23:42:46.8	261	307	18	—				—				02:03:21.0	56	83	39
Wonsan	23:43:58.4	262	308	20	—				—				02:06:22.1	54	78	41
SOUTH KOREA																
Anyang	23:41:04.0	264	312	20	—				—				02:02:31.8	52	79	42
Ch'ongju	23:40:38.0	265	313	21	—				—				02:02:08.9	51	78	43
Chonju	23:39:11.7	266	315	20	—				—				02:00:00.8	50	79	43
Inch'on	23:40:55.6	264	311	20	—				—				02:02:14.3	52	79	42
Kwangju	23:38:08.2	266	316	20	—				—				01:58:23.5	49	79	43
Masan	23:39:43.5	267	316	22	—				—				02:01:01.9	48	76	44
P'ohang	23:41:36.9	266	314	22	—				—				02:03:55.4	49	75	44
Pusan	23:40:12.7	267	316	22	—				—				02:01:48.7	48	75	45
Seoul	23:41:20.3	264	311	20	—				—				02:02:54.2	52	79	42
Songnam'si	23:41:19.8	264	311	20	—				—				02:02:57.4	52	79	42
Suwon	23:41:01.3	264	312	20	—				—				02:02:30.5	52	79	42
Taegu	23:40:35.5	266	315	22	—				—				02:02:19.9	49	76	44
Taejon	23:40:08.4	265	314	21	—				—				02:01:26.4	50	78	43
Ulsan	23:40:59.2	266	315	22	—				—				02:03:00.0	48	75	45

Table 10a
CIRCUMSTANCES AT MAXIMUM ECLIPSE ON 1997 MARCH 9
FOR CHINA AND THE ORIENT

Location Name	Latitude	Longitude	Elev. m	U.T. of Maximum Eclipse h m s	P °	V °	Sun Alt °	Sun Azm °	Eclip. Mag.	Eclip. Obs.	Umbral Duration
CHINA											
Anshan	41°08.0′N	122°59.0′E	—	00:50:12.4	339	17	27	125	0.847	0.816	
Baotou	40°40.0′N	109°59.0′E	—	00:37:38.1	341	26	17	112	0.882	0.860	
Beijing	39°55.0′N	116°25.0′E	—	00:41:32.9	340	23	22	117	0.853	0.824	
Changchun	43°53.0′N	125°19.0′E	—	00:57:20.7	338	12	28	130	0.879	0.857	
Changsha	28°12.0′N	112°58.0′E	53	00:20:06.6	341	39	20	107	0.632	0.549	
Chao'an	23°41.0′N	116°38.0′E	—	00:16:32.3	340	42	23	107	0.518	0.416	
Chengdu	30°39.0′N	104°04.0′E	—	00:18:26.5	342	40	11	102	0.696	0.626	
Chongqing	29°34.0′N	106°35.0′E	281	00:18:05.5	342	40	14	103	0.671	0.596	
Dalian	38°53.0′N	121°35.0′E	—	00:44:57.8	339	21	27	121	0.815	0.776	
Dongguan	23°03.0′N	113°46.0′E	—	00:13:26.7	341	44	20	105	0.510	0.406	
Fushun	41°52.0′N	123°53.0′E	—	00:52:25.3	339	16	28	126	0.854	0.826	
Fuzhou	26°06.0′N	119°17.0′E	—	00:22:22.8	340	38	26	110	0.566	0.471	
Guangzhou	23°06.0′N	113°16.0′E	19	00:13:09.5	341	45	20	104	0.512	0.409	
Guiyang	26°35.0′N	106°43.0′E	—	00:13:58.0	342	43	14	102	0.603	0.514	
Hangzhou	30°15.0′N	120°10.0′E	—	00:29:32.8	339	32	27	114	0.655	0.577	
Harbin	45°45.0′N	126°41.0′E	156	01:01:55.1	338	9	28	133	0.899	0.883	
Huainan	32°40.0′N	117°00.0′E	—	00:30:16.3	340	31	24	113	0.716	0.652	
Jilin	43°51.0′N	126°33.0′E	—	00:58:44.2	338	11	29	131	0.871	0.848	
Jinan	36°40.0′N	116°57.0′E	—	00:36:40.0	340	27	23	115	0.794	0.749	
Kunming	25°05.0′N	102°40.0′E	2038	00:10:14.8	343	47	9	100	0.568	0.473	
Laiwu	36°12.0′N	117°38.0′E	—	00:36:32.6	340	27	24	116	0.783	0.735	
Lanzhou	36°03.0′N	103°41.0′E	1675	00:26:23.2	342	34	11	104	0.807	0.765	
Luoyang	34°41.0′N	112°28.0′E	—	00:29:40.4	341	32	19	110	0.769	0.717	
Nanchang	24°36.0′N	120°59.0′E	—	00:21:52.0	339	38	28	110	0.525	0.424	
Nanjing	32°03.0′N	118°47.0′E	—	00:30:59.1	340	31	25	114	0.698	0.629	
Pingxiang	27°38.0′N	113°50.0′E	—	00:19:55.9	341	39	21	107	0.617	0.531	
Puyang	35°42.0′N	114°59.0′E	—	00:33:20.5	340	29	22	113	0.782	0.734	
Qingdao	36°06.0′N	120°19.0′E	—	00:39:02.9	339	25	26	118	0.771	0.720	
Qiqihar	47°19.0′N	123°55.0′E	—	01:01:19.6	339	10	26	131	0.935	0.928	
Shanghai	31°14.0′N	121°28.0′E	5	00:32:27.0	339	30	28	115	0.670	0.595	
Shenyang	41°48.0′N	123°27.0′E	45	00:51:49.4	339	16	27	126	0.855	0.827	
Shijiazhuang	38°03.0′N	114°28.0′E	—	00:36:44.7	340	27	21	114	0.826	0.790	
Shuicheng	26°41.0′N	104°50.0′E	—	00:13:13.6	342	44	12	101	0.606	0.518	
Suining	30°31.0′N	105°34.0′E	—	00:18:57.3	342	40	13	103	0.692	0.622	
Tai'an	36°12.0′N	117°07.0′E	—	00:36:03.5	340	27	23	115	0.785	0.737	
Taiyuan	37°55.0′N	112°30.0′E	—	00:34:56.0	341	28	19	112	0.829	0.793	
Tangshan	39°38.0′N	118°11.0′E	—	00:42:43.9	340	23	24	118	0.842	0.810	
Tianjin	39°08.0′N	117°12.0′E	4	00:40:58.0	340	24	23	117	0.837	0.803	
Urumqi	43°48.0′N	087°35.0′E	975	00:34:10.9	344	30	0	96	0.935	0.926	
Weifang	36°42.0′N	119°04.0′E	—	00:38:45.3	339	25	25	117	0.787	0.740	
Wuhan	30°36.0′N	114°17.0′E	25	00:24:43.2	341	35	21	109	0.681	0.609	
Xi'an	34°15.0′N	108°52.0′E	—	00:26:28.3	341	34	16	107	0.767	0.714	
Xiaogan	30°55.0′N	113°54.0′E	—	00:24:54.0	341	35	21	109	0.689	0.618	
Xintai	35°54.0′N	117°44.0′E	—	00:36:09.0	340	27	24	115	0.777	0.727	
Yancheng	33°24.0′N	120°09.0′E	—	00:34:30.4	339	28	27	116	0.719	0.656	
Yulin	22°36.0′N	110°07.0′E	—	00:10:29.3	342	47	17	102	0.504	0.400	
Zaozhuang	34°53.0′N	117°34.0′E	—	00:34:20.6	340	28	24	115	0.758	0.704	
Zhengzhou	34°48.0′N	113°39.0′E	—	00:30:47.2	341	31	20	111	0.768	0.716	
Zhongshan	22°31.0′N	113°22.0′E	—	00:12:27.0	341	45	20	104	0.497	0.393	
Zibo	35°47.0′N	118°01.0′E	—	00:37:51.8	340	26	24	116	0.792	0.747	
HONG KONG											
Kowloon	22°18.0′N	114°10.0′E	—	00:12:43.9	341	45	21	104	0.490	0.385	
New Kowloon	22°20.0′N	114°10.0′E	—	00:12:46.5	341	45	21	104	0.491	0.386	
Victoria	22°17.0′N	114°09.0′E	36	00:12:41.8	341	45	21	104	0.490	0.384	
MACAU											
Macau	22°12.0′N	113°32.0′E	—	00:12:08.8	341	46	20	104	0.489	0.383	
TAIWAN											
Kaohsiung	22°38.0′N	120°17.0′E	—	00:18:21.9	340	41	27	108	0.481	0.374	
T'aichung	24°09.0′N	120°41.0′E	—	00:20:54.8	339	39	28	110	0.515	0.413	
T'ainan	23°00.0′N	120°12.0′E	—	00:18:48.0	340	41	27	108	0.490	0.384	
T'aipei	25°03.0′N	121°30.0′E	7	00:23:03.2	339	38	29	111	0.533	0.433	

Table 10b
LOCAL CIRCUMSTANCES DURING THE TOTAL SOLAR ECLIPSE OF 1997 MARCH 9 FOR CHINA AND THE ORIENT

Location Name	First Contact U.T. h m s	P °	V °	Alt °	Second Contact U.T. h m s	P °	V °	Alt °	Third Contact U.T. h m s	P °	V °	Alt °	Fourth Contact U.T. h m s	P °	V °	Alt °
CHINA																
Anshan	23:43:16.8	260	305	16	—				—				02:03:00.3	58	85	37
Baotou	23:35:52.0	260	308	6	—				—				01:45:14.9	62	101	28
Beijing	23:37:23.2	260	309	11	—				—				01:51:48.4	59	94	33
Changchun	23:49:20.0	258	299	18	—				—				02:10:43.0	59	81	37
Changsha	23:21:58.1	274	335	7	—				—				01:24:26.7	47	99	33
Chao'an	23:20:28.2	281	346	11	—				—				01:18:31.0	39	95	37
Chengdu	23:22:23.4	272	331	0	—				—				01:20:08.9	53	106	24
Chongqing	23:21:38.5	273	333	2	—				—				01:20:21.0	51	105	27
Dalian	23:38:57.3	262	310	15	—				—				01:57:08.9	56	87	38
Dongguan	23:18:59.2	282	348	8	—				—				01:13:33.8	40	98	34
Fushun	23:45:04.2	259	303	17	—				—				02:05:30.4	58	84	37
Fuzhou	23:23:18.9	277	339	14	—				—				01:27:45.2	42	92	40
Guangzhou	23:18:50.0	282	348	8	—				—				01:13:07.1	40	99	33
Guiyang	23:19:19.7	277	340	2	—				—				01:14:11.6	47	104	26
Hangzhou	23:27:21.8	272	329	14	—				—				01:38:18.6	47	91	40
Harbin	23:53:25.6	256	295	18	—				—				02:15:22.8	60	79	36
Huainan	23:28:07.1	268	324	11	—				—				01:38:56.8	51	95	36
Jilin	23:50:17.1	258	299	19	—				—				02:12:28.0	59	80	37
Jinan	23:33:03.8	264	315	11	—				—				01:46:38.3	56	94	35
Kunming	—				—				—				01:07:20.5	45	106	22
Laiwu	23:32:48.3	264	316	12	—				—				01:46:41.6	55	93	36
Lanzhou	23:28:13.5	265	319	0	—				—				01:30:15.2	59	106	24
Luoyang	23:28:32.1	266	320	7	—				—				01:37:06.5	55	99	32
Nanchang	23:23:28.0	280	343	15	—				—				01:26:26.3	39	90	41
Nanjing	23:28:24.3	269	325	13	—				—				01:40:08.2	50	92	38
Pingxiang	23:21:49.2	275	336	8	—				—				01:24:14.8	46	98	34
Puyang	23:30:50.1	265	318	9	—				—				01:42:13.1	55	96	34
Qingdao	23:34:15.9	265	316	14	—				—				01:50:16.0	54	90	38
Qiqihar	23:53:52.0	255	293	16	—				—				02:13:41.3	63	83	34
Shanghai	23:29:13.8	270	326	15	—				—				01:42:16.2	47	89	41
Shenyang	23:44:38.5	259	303	17	—				—				02:04:46.2	58	84	37
Shijiazhuang	23:33:46.1	262	313	9	—				—				01:45:56.1	58	97	33
Shuicheng	23:19:14.4	277	341	0	—				—				01:12:39.0	47	105	25
Suining	23:22:23.5	272	331	1	—				—				01:21:17.5	52	105	26
Tai'an	23:32:31.7	264	316	11	—				—				01:45:59.4	55	94	35
Taiyuan	23:32:46.8	262	313	7	—				—				01:43:14.5	59	99	31
Tangshan	23:37:55.1	261	309	12	—				—				01:53:40.7	58	92	35
Tianjin	23:36:38.7	261	310	11	—				—				01:51:27.9	58	93	34
Urumqi	—				—				—				01:33:11.1	68	113	10
Weifang	23:34:17.5	264	315	13	—				—				01:49:36.8	55	91	37
Wuhan	23:24:39.8	271	329	9	—				—				01:31:09.9	50	98	34
Xi'an	23:26:56.2	267	322	4	—				—				01:32:05.9	56	103	28
Xiaogan	23:24:49.8	271	329	8	—				—				01:31:20.6	50	98	34
Xintai	23:32:27.9	265	317	12	—				—				01:46:15.8	55	93	36
Yancheng	23:30:46.7	268	322	14	—				—				01:44:48.1	51	90	39
Yulin	23:17:46.5	283	350	5	—				—				01:08:32.3	40	101	29
Zaozhuang	23:31:04.2	266	319	12	—				—				01:44:05.6	54	93	36
Zhengzhou	23:29:07.7	266	320	8	—				—				01:38:47.7	55	98	33
Zhongshan	23:18:38.2	283	350	8	—				—				01:11:48.5	39	98	33
Zibo	23:33:47.8	264	315	12	—				—				01:48:18.5	55	93	36
HONG KONG																
Kowloon	23:18:50.7	283	350	9	—				—				01:12:10.5	38	98	34
New Kowloon	23:18:51.4	283	350	9	—				—				01:12:15.5	38	98	34
Victoria	23:18:50.0	283	350	9	—				—				01:12:06.9	38	98	34
MACAU																
Macau	23:18:35.0	283	350	8	—				—				01:11:12.8	38	98	33
TAIWAN																
Kaohsiung	23:22:04.9	283	348	15	—				—				01:20:31.0	36	91	41
T'aichung	23:23:01.4	280	344	15	—				—				01:24:54.7	38	91	41
T'ainan	23:22:10.3	282	347	15	—				—				01:21:21.2	37	91	41
T'aipei	23:24:05.0	279	342	16	—				—				01:28:15.6	39	89	42

Table 11a
CIRCUMSTANCES AT MAXIMUM ECLIPSE ON 1997 MARCH 9
FOR SOUTHERN ASIA

Location Name	Latitude	Longitude	Elev. m	U.T. of Maximum Eclipse h m s	P °	V °	Sun Alt °	Sun Azm °	Eclip. Mag.	Eclip. Obs.	Umbral Duration
BANGLADESH											
Chittagong	22°20.0′N	091°50.0′E	—	00:08 Rise	—	—	0	95	0.482	0.375	
Dhaka	23°43.0′N	090°25.0′E	—	00:15 Rise	—	—	0	95	0.497	0.392	
Khulna	22°48.0′N	089°33.0′E	—	00:18 Rise	—	—	0	95	0.448	0.338	
Mirpur	23°47.0′N	090°21.0′E	—	00:15 Rise	—	—	0	95	0.498	0.392	
Narayanganj	23°37.0′N	090°30.0′E	—	00:14 Rise	—	—	0	95	0.496	0.391	
BHUTAN											
Thimbu	27°28.0′N	089°39.0′E	—	00:19 Rise	—	—	0	95	0.584	0.491	
INDIA											
Allahabad	25°27.0′N	081°51.0′E	—	00:49 Rise	—	—	0	95	0.135	0.059	
Asansol	23°41.0′N	086°59.0′E	—	00:28 Rise	—	—	0	95	0.374	0.261	
Behala	22°31.0′N	088°19.0′E	—	00:23 Rise	—	—	0	95	0.397	0.284	
Calcutta	22°32.0′N	088°22.0′E	7	00:22 Rise	—	—	0	95	0.403	0.291	
Cuttack	20°30.0′N	085°50.0′E	—	00:32 Rise	—	—	0	95	0.227	0.126	
Dhanbad	23°48.0′N	086°27.0′E	—	00:30 Rise	—	—	0	95	0.352	0.239	
Durgapur	23°29.0′N	087°20.0′E	—	00:27 Rise	—	—	0	95	0.384	0.271	
Gorakhpur	26°45.0′N	083°22.0′E	—	00:44 Rise	—	—	0	95	0.263	0.157	
Haora	22°35.0′N	088°20.0′E	—	00:22 Rise	—	—	0	95	0.400	0.287	
Jamshedpur	22°48.0′N	086°11.0′E	—	00:31 Rise	—	—	0	95	0.310	0.199	
Kanpur	26°28.0′N	080°21.0′E	—	00:56 Rise	—	—	0	95	0.065	0.020	
Lucknow	26°51.0′N	080°55.0′E	131	00:52 Rise	—	—	0	95	0.139	0.062	
Patna	25°36.0′N	085°07.0′E	—	00:36 Rise	—	—	0	95	0.333	0.221	
Ranchi	23°21.0′N	085°20.0′E	—	00:35 Rise	—	—	0	95	0.282	0.173	
Raurkela	22°13.0′N	084°53.0′E	—	00:36 Rise	—	—	0	95	0.226	0.125	
Varanasi	25°20.0′N	083°00.0′E	—	00:45 Rise	—	—	0	95	0.203	0.107	
NEPAL											
Wiratnagar	26°29.0′N	087°17.0′E	—	00:28 Rise	—	—	0	95	0.469	0.360	
CAMBODIA											
Angkor Wat	13°26.0′N	103°52.0′E	—	23:57:33.7	343	59	9	97	0.262	0.156	
Kampong Saom	10°38.0′N	103°30.0′E	—	23:54:56.2	343	62	9	96	0.181	0.091	
Phnom Penh	11°33.0′N	104°55.0′E	13	23:56:05.7	343	60	10	97	0.209	0.112	
LAOS											
Savannakhet	16°33.0′N	104°45.0′E	—	00:00:57.1	343	55	11	98	0.349	0.236	
Vientiane	17°58.0′N	102°36.0′E	183	00:01:49.6	343	54	9	98	0.386	0.274	
MYANMAR											
Bago	17°20.0′N	096°29.0′E	—	00:00:08.9	344	56	3	96	0.361	0.248	
Mandalay	22°00.0′N	096°05.0′E	83	00:05:04.1	344	52	3	96	0.485	0.378	
Mawlamyine	16°30.0′N	097°38.0′E	49	23:59:25.3	344	57	4	96	0.340	0.228	
Pathein	16°47.0′N	094°44.0′E	—	23:59:32.1	344	57	1	96	0.343	0.230	
Yangon	16°47.0′N	096°10.0′E	—	23:59:35.2	344	57	2	95	0.346	0.233	
THAILAND											
Bangkok	13°45.0′N	100°31.0′E	17	23:57:09.7	344	59	6	96	0.268	0.161	
Chiang Mai	18°47.0′N	098°59.0′E	—	00:01:55.9	344	54	5	97	0.404	0.292	
Khon Kaen	16°26.0′N	102°50.0′E	—	00:00:16.3	343	56	9	97	0.345	0.232	
Nakhon Ratchasima	14°58.0′N	102°07.0′E	—	23:58:37.4	343	58	8	97	0.304	0.193	
VIETNAM											
Bien Hoa	10°57.0′N	106°49.0′E	—	23:56:07.7	343	61	12	97	0.192	0.099	
Can Tho	10°02.0′N	105°47.0′E	—	23:54:59.9	343	62	11	97	0.165	0.079	
Da Nang	16°04.0′N	108°13.0′E	—	00:01:45.0	342	55	14	99	0.336	0.224	
Hai Phong	20°52.0′N	106°41.0′E	—	00:06:34.7	342	50	13	100	0.463	0.355	
Ha Noi	21°02.0′N	105°51.0′E	7	00:06:25.6	342	50	12	100	0.467	0.359	
Ho Chi Minh	10°45.0′N	106°40.0′E	11	23:55:53.9	343	61	12	97	0.186	0.095	
Hue	16°28.0′N	107°42.0′E	—	00:01:57.7	342	54	14	99	0.347	0.234	
Nam Dinh	20°25.0′N	106°10.0′E	—	00:05:49.2	342	50	12	100	0.452	0.342	
Nha Trang	12°15.0′N	109°11.0′E	—	23:58:14.8	342	58	15	98	0.229	0.128	
Vinh	18°40.0′N	105°40.0′E	—	00:03:35.4	343	53	12	99	0.406	0.294	
SAIPAN											
Susupe	15°09.0′N	145°43.0′E	—	00:44:11.9	333	25	58	126	0.091	0.033	

Table 11b
LOCAL CIRCUMSTANCES DURING THE TOTAL SOLAR ECLIPSE OF 1997 MARCH 9 FOR SOUTHERN ASIA

Location Name	First Contact U.T. h m s	P °	V °	Alt °	Second Contact U.T. h m s	P °	V °	Alt °	Third Contact U.T. h m s	P °	V °	Alt °	Fourth Contact U.T. h m s	P °	V °	Alt °
BANGLADESH																
Chittagong	—				—				—				00:54:44.9	42	108	10
Dhaka	—				—				—				00:57:04.4	44	109	9
Khulna	—				—				—				00:54:49.3	43	109	8
Mirpur	—				—				—				00:57:11.1	44	109	9
Narayanganj	—				—				—				00:56:54.0	44	109	9
BHUTAN																
Thimbu	—				—				—				01:04:18.2	50	111	9
INDIA																
Allahabad	—				—				—				00:58:03.1	46	111	2
Asansol	—				—				—				00:55:47.0	44	110	6
Behala	—				—				—				00:53:47.5	42	109	7
Calcutta	—				—				—				00:53:50.6	42	109	7
Cuttack	—				—				—				00:48:45.4	38	108	4
Dhanbad	—				—				—				00:55:51.7	44	110	5
Durgapur	—				—				—				00:55:28.9	44	110	6
Gorakhpur	—				—				—				01:00:52.8	48	111	3
Haora	—				—				—				00:53:56.2	42	109	7
Jamshedpur	—				—				—				00:53:43.8	42	109	5
Kanpur	—				—				—				00:59:45.5	48	111	1
Lucknow	—				—				—				01:00:34.7	48	111	1
Patna	—				—				—				00:59:05.2	47	111	5
Ranchi	—				—				—				00:54:38.1	43	110	4
Raurkela	—				—				—				00:52:10.9	41	109	3
Varanasi	—				—				—				00:58:03.1	46	111	3
NEPAL																
Wiratnagar	—				—				—				01:01:28.9	48	111	7
CAMBODIA																
Angkor Wat	23:18:51.9	302	18	0	—				—				00:39:03.8	24	98	19
Kampong Saom	23:22:05.7	309	28	1	—				—				00:29:42.9	17	95	17
Phnom Penh	23:20:45.7	306	25	2	—				—				00:33:43.5	19	96	19
LAOS																
Savannakhet	23:17:02.6	295	8	1	—				—				00:48:32.9	31	101	22
Vientiane	—				—				—				00:50:42.7	34	103	20
MYANMAR																
Bago	—				—				—				00:45:26.2	33	104	13
Mandalay	—				—				—				00:56:07.6	41	107	14
Mawlamyine	—				—				—				00:43:55.5	31	103	14
Pathein	—				—				—				00:43:13.2	32	104	11
Yangon	—				—				—				00:43:53.9	32	104	13
THAILAND																
Bangkok	—				—				—				00:37:59.0	25	100	16
Chiang Mai	—				—				—				00:50:23.1	36	105	16
Khon Kaen	—				—				—				00:46:53.1	31	102	20
Nakhon Ratcha...	—				—				—				00:42:24.6	28	101	18
VIETNAM																
Bien Hoa	23:21:35.4	307	26	4	—				—				00:32:51.4	18	94	21
Can Tho	23:22:58.1	310	30	3	—				—				00:28:51.8	15	93	19
Da Nang	23:17:23.2	295	9	4	—				—				00:49:54.8	29	99	25
Hai Phong	23:16:48.9	286	355	2	—				—				01:01:06.7	38	103	25
Ha Noi	23:16:47.7	286	355	1	—				—				01:00:47.6	39	103	24
Ho Chi Minh	23:21:52.1	308	27	4	—				—				00:32:02.7	17	94	21
Hue	23:17:11.2	294	8	3	—				—				00:50:36.5	30	100	25
Nam Dinh	23:16:42.7	287	357	1	—				—				00:59:34.2	37	103	25
Nha Trang	23:20:14.4	304	21	6	—				—				00:38:58.6	20	95	25
Vinh	23:16:37.9	290	2	1	—				—				00:54:47.7	35	102	24
SAIPAN																
Susupe	00:09:58.2	310	9	51	—				—				01:19:35.2	357	37	64

Table 12a
CIRCUMSTANCES AT MAXIMUM ECLIPSE ON 1997 MARCH 9
FOR JAPAN AND THE PHILIPPINES

Location Name	Latitude	Longitude	Elev. m	U.T. of Maximum Eclipse h m s	P °	V °	Sun Alt °	Sun Azm °	Eclip. Mag.	Eclip. Obs.	Umbral Duration
JAPAN											
Amagasaki	34°43.0′N	135°25.0′E	—	00:56:27.9	336	12	40	135	0.652	0.573	
Asahikawa	43°46.0′N	142°22.0′E	—	01:20:27.8	336	354	38	154	0.757	0.704	
Chiba	35°36.0′N	140°07.0′E	—	01:05:23.2	335	5	43	143	0.628	0.545	
Fuji	35°09.0′N	138°39.0′E	—	01:02:17.1	336	7	42	140	0.632	0.550	
Fujisawa	35°21.0′N	139°29.0′E	—	01:03:57.6	335	6	43	142	0.629	0.546	
Fukuoka	33°35.0′N	130°24.0′E	—	00:47:16.4	337	19	36	127	0.667	0.592	
Fukuyama	34°29.0′N	133°22.0′E	—	00:52:59.1	337	15	38	132	0.663	0.588	
Gifu	35°25.0′N	136°45.0′E	—	00:59:38.2	336	10	41	137	0.654	0.577	
Hachioji	35°39.0′N	139°20.0′E	—	01:04:09.8	335	6	42	142	0.636	0.555	
Hamamatsu	34°42.0′N	137°44.0′E	—	01:00:06.4	336	9	42	138	0.632	0.549	
Higashiosaka	34°39.0′N	135°35.0′E	—	00:56:37.2	336	12	40	135	0.649	0.570	
Himeji	34°49.0′N	134°42.0′E	—	00:55:31.1	336	13	39	134	0.660	0.583	
Hiroshima	34°24.0′N	132°27.0′E	—	00:51:30.1	337	16	38	130	0.669	0.594	
Iwaki	37°03.0′N	140°55.0′E	—	01:08:51.7	335	2	43	146	0.649	0.570	
Kagoshima	31°36.0′N	130°33.0′E	—	00:44:19.6	337	22	37	125	0.626	0.542	
Kanazawa	36°34.0′N	136°39.0′E	—	01:01:14.7	336	8	40	138	0.677	0.605	
Kawaguchi	35°48.0′N	139°43.0′E	—	01:05:01.3	335	5	43	143	0.635	0.554	
Kawasaki	35°32.0′N	139°43.0′E	—	01:04:37.3	335	5	43	142	0.630	0.548	
Kitakyushu	33°53.0′N	130°50.0′E	—	00:48:21.6	337	18	36	128	0.670	0.596	
Kobe	34°41.0′N	135°10.0′E	—	00:56:01.6	336	13	40	134	0.653	0.575	
Kochi	33°33.0′N	133°33.0′E	—	00:51:47.2	337	16	39	131	0.644	0.564	
Koriyama	37°24.0′N	140°23.0′E	—	01:08:29.4	335	3	42	145	0.660	0.584	
Kumamoto	32°48.0′N	130°43.0′E	—	00:46:28.2	337	20	37	127	0.649	0.571	
Kurashiki	34°35.0′N	133°46.0′E	—	00:53:44.4	336	14	39	132	0.662	0.586	
Kyoto	35°00.0′N	135°45.0′E	—	00:57:25.4	336	11	40	136	0.655	0.577	
Matsudo	35°47.0′N	139°54.0′E	—	01:05:18.0	335	5	43	143	0.633	0.551	
Matsuyama	33°50.0′N	132°45.0′E	—	00:51:02.7	337	16	38	130	0.655	0.578	
Nagano	36°39.0′N	138°11.0′E	—	01:03:48.0	336	6	41	141	0.666	0.590	
Nagasaki	32°48.0′N	129°55.0′E	—	00:45:21.1	337	21	36	126	0.655	0.577	
Nagoya	35°10.0′N	136°55.0′E	—	00:59:31.0	336	10	41	137	0.648	0.569	
Naha	26°13.0′N	127°40.0′E	—	00:31:59.6	338	31	35	117	0.528	0.428	
Nara	34°41.0′N	135°50.0′E	—	00:57:03.7	336	12	40	135	0.648	0.569	
Niigata	37°55.0′N	139°03.0′E	—	01:07:04.9	336	4	41	144	0.682	0.610	
Numazu	35°06.0′N	138°52.0′E	—	01:02:33.9	335	7	42	140	0.629	0.547	
Oita	33°14.0′N	131°36.0′E	—	00:48:25.1	337	18	37	128	0.652	0.573	
Okayama	34°39.0′N	133°55.0′E	—	00:54:04.2	336	14	39	133	0.662	0.586	
Osaka	34°40.0′N	135°30.0′E	16	00:56:31.0	336	12	40	135	0.650	0.571	
Sagamihara	35°34.0′N	139°23.0′E	—	01:04:07.2	335	6	42	142	0.634	0.552	
Sakai	36°16.0′N	139°15.0′E	—	01:04:57.1	336	5	42	142	0.649	0.570	
Sapporo	43°03.0′N	141°21.0′E	—	01:17:57.2	336	356	38	152	0.754	0.700	
Sendai	38°15.0′N	140°53.0′E	—	01:10:32.7	335	1	42	147	0.672	0.598	
Shizuoka	34°58.0′N	138°23.0′E	—	01:01:34.2	336	8	42	140	0.631	0.549	
Takamatsu	34°20.0′N	134°03.0′E	—	00:53:36.4	336	14	39	132	0.655	0.578	
Tokyo	35°42.0′N	139°46.0′E	6	01:04:57.2	335	5	43	143	0.633	0.551	
Toyama	36°41.0′N	137°13.0′E	—	01:02:18.8	336	8	40	139	0.675	0.601	
Toyohashi	34°46.0′N	137°23.0′E	—	00:59:38.8	336	10	41	138	0.636	0.555	
Toyota	35°05.0′N	137°09.0′E	—	00:59:45.6	336	9	41	138	0.644	0.565	
Wakayama	34°13.0′N	135°11.0′E	—	00:55:19.4	336	13	40	134	0.644	0.564	
Yokohama	35°37.0′N	139°39.0′E	—	01:04:38.2	335	5	43	142	0.633	0.550	
Yokosuka	35°18.0′N	139°40.0′E	—	01:04:11.3	335	6	43	142	0.626	0.543	
PHILIPPINES											
Bacolod	10°40.0′N	122°57.0′E	—	00:05:54.4	339	54	30	102	0.154	0.071	
Cagayan de Oro	08°29.0′N	124°39.0′E	—	00:05:11.2	339	56	32	101	0.084	0.039	
Caloocan	14°39.0′N	120°58.0′E	—	00:08:38.1	340	51	28	103	0.272	0.165	
Cebu	10°18.0′N	123°54.0′E	—	00:06:24.5	339	54	31	102	0.139	0.062	
Davao	07°04.0′N	125°36.0′E	29	00:04:39.3	339	58	33	100	0.038	0.009	
Iloilo	10°42.0′N	122°34.0′E	—	00:05:35.3	340	55	30	102	0.156	0.073	
Manila	14°35.0′N	121°00.0′E	16	00:08:35.2	340	51	28	103	0.270	0.163	
Paranaque	14°30.0′N	120°59.0′E	—	00:08:28.3	340	51	28	103	0.268	0.161	
Pasay	14°33.0′N	121°00.0′E	—	00:08:32.8	340	51	28	103	0.269	0.163	
Pasig	14°33.0′N	121°05.0′E	—	00:08:37.3	340	51	28	103	0.269	0.162	
Quezon City	14°38.0′N	121°03.0′E	—	00:08:41.5	340	51	28	103	0.271	0.164	
Valenzuela	14°42.0′N	120°58.0′E	—	00:08:41.7	340	51	28	103	0.273	0.166	
Zamboanga	06°54.0′N	122°04.0′E	—	00:01:15.1	340	59	29	99	0.048	0.013	

Table 12b
LOCAL CIRCUMSTANCES DURING THE TOTAL SOLAR ECLIPSE OF 1997 MARCH 9 FOR JAPAN AND THE PHILIPPINES

Location Name	First Contact U.T. h m s	P °	V °	Alt °	Second Contact U.T. h m s	P °	V °	Alt °	Third Contact U.T. h m s	P °	V °	Alt °	Fourth Contact U.T. h m s	P °	V °	Alt °
JAPAN																
Amagasaki	23:47:03.4	269	315	28	—				—				02:11:14.7	44	62	48
Asahikawa	00:07:46.9	262	293	31	—				—				02:36:11.3	50	51	42
Chiba	23:54:44.0	269	311	33	—				—				02:20:27.5	41	51	49
Fuji	23:52:02.6	269	313	31	—				—				02:17:17.0	42	54	49
Fujisawa	23:53:30.1	269	312	32	—				—				02:18:59.3	42	52	49
Fukuoka	23:39:44.7	269	319	24	—				—				02:00:54.5	45	73	47
Fukuyama	23:44:11.6	268	316	27	—				—				02:07:28.3	45	66	48
Gifu	23:49:38.4	268	313	30	—				—				02:14:43.3	44	59	48
Hachioji	23:53:36.0	269	312	32	—				—				02:19:18.2	42	53	49
Hamamatsu	23:50:13.4	270	314	31	—				—				02:14:57.5	42	56	49
Higashiosaka	23:47:12.1	269	315	29	—				—				02:11:23.3	43	61	49
Himeji	23:46:14.4	268	315	28	—				—				02:10:16.4	44	63	48
Hiroshima	23:43:00.1	268	317	26	—				—				02:05:49.4	45	68	47
Iwaki	23:57:32.6	268	308	33	—				—				02:24:17.5	43	50	48
Kagoshima	23:37:45.7	271	324	24	—				—				01:57:03.7	43	72	48
Kanazawa	23:50:50.7	267	311	29	—				—				02:16:38.6	45	59	47
Kawaguchi	23:54:20.4	269	311	32	—				—				02:20:11.2	42	52	49
Kawasaki	23:54:03.1	269	312	32	—				—				02:19:42.0	42	52	49
Kitakyushu	23:40:33.8	269	318	24	—				—				02:02:12.0	46	72	47
Kobe	23:46:41.5	269	315	28	—				—				02:10:46.6	44	62	48
Kochi	23:43:22.1	270	318	27	—				—				02:05:56.1	43	66	48
Koriyama	23:57:07.6	267	307	32	—				—				02:24:02.7	44	51	48
Kumamoto	23:39:13.1	270	321	24	—				—				01:59:50.1	44	72	47
Kurashiki	23:44:48.0	268	316	27	—				—				02:08:18.8	45	65	48
Kyoto	23:47:49.1	269	314	29	—				—				02:12:19.4	44	61	48
Matsudo	23:54:36.0	269	311	32	—				—				02:20:26.9	42	51	49
Matsuyama	23:42:42.6	269	318	26	—				—				02:05:12.0	44	68	48
Nagano	23:53:03.3	267	310	30	—				—				02:19:15.3	44	56	48
Nagasaki	23:38:20.8	270	321	24	—				—				01:58:33.0	45	74	47
Nagoya	23:49:35.2	269	314	30	—				—				02:14:31.5	43	58	49
Naha	23:30:06.3	278	337	22	—				—				01:40:07.0	37	79	48
Nara	23:47:34.3	269	315	29	—				—				02:11:51.4	43	61	49
Niigata	23:55:46.8	266	307	31	—				—				02:22:47.7	45	54	47
Numazu	23:52:18.6	269	313	32	—				—				02:17:32.2	42	54	49
Oita	23:40:41.5	270	320	25	—				—				02:02:08.4	44	70	48
Okayama	23:45:03.7	268	316	27	—				—				02:08:41.0	45	65	48
Osaka	23:47:06.6	269	315	29	—				—				02:11:17.1	43	61	49
Sagamihara	23:53:35.1	269	312	32	—				—				02:19:13.8	42	53	49
Sakai	23:54:09.5	268	310	32	—				—				02:20:17.0	43	53	48
Sapporo	00:05:26.6	262	295	30	—				—				02:33:47.9	50	53	42
Sendai	23:58:51.4	267	305	32	—				—				02:26:14.0	44	50	47
Shizuoka	23:51:27.2	269	314	31	—				—				02:16:30.6	42	55	49
Takamatsu	23:44:52.0	269	316	27	—				—				02:08:17.4	44	65	48
Tokyo	23:54:18.4	269	311	32	—				—				02:20:05.1	42	52	49
Toyama	23:51:45.1	267	310	30	—				—				02:17:45.7	45	58	48
Toyohashi	23:49:47.8	269	314	30	—				—				02:14:31.3	42	57	49
Toyota	23:49:49.1	269	314	30	—				—				02:14:44.7	43	58	49
Wakayama	23:46:11.4	269	316	28	—				—				02:09:54.1	43	62	49
Yokohama	23:54:02.4	269	312	32	—				—				02:19:44.8	42	52	49
Yokosuka	23:53:43.6	269	312	32	—				—				02:19:11.3	41	52	49
PHILIPPINES																
Bacolod	23:30:08.1	308	25	21	—				—				00:43:57.1	10	83	39
Cagayan de Oro	23:37:43.9	316	35	25	—				—				00:33:49.6	2	77	39
Caloocan	23:23:27.2	298	11	17	—				—				00:57:39.7	21	88	39
Cebu	23:31:54.7	310	27	23	—				—				00:42:58.6	8	81	40
Davao	23:45:35.2	324	43	28	—				—				00:24:07.5	354	72	38
Iloilo	23:29:40.7	308	25	21	—				—				00:43:47.9	11	83	39
Manila	23:23:31.6	298	11	17	—				—				00:57:28.0	21	88	39
Paranaque	23:23:34.6	298	12	17	—				—				00:57:29.7	21	88	39
Pasay	23:23:33.1	298	11	17	—				—				00:57:21.1	21	88	39
Pasig	23:23:37.0	298	11	17	—				—				00:57:26.3	21	88	39
Quezon City	23:23:31.8	298	11	17	—				—				00:57:41.5	21	88	39
Valenzuela	23:23:25.1	298	11	17	—				—				00:57:50.0	21	88	39
Zamboanga	23:40:36.3	322	43	24	—				—				00:22:26.9	357	75	34

Table 13

SOLAR ECLIPSES OF SAROS SERIES 120

First Eclipse: 933 May 27   Duration of Series: 1262.1 yrs.
Last Eclipse: 2195 Jul 7   Number of Eclipses: 71

Saros Summary: 16 Partial   25 Annular   3 Ann/Tot   27 Total

Date	Eclipse Type	Gamma	Mag./Width	Center Durat.	Date	Eclipse Type	Gamma	Mag./Width	Center Durat.
933 May 27	Pb	-1.524	0.066	—	1600 Jul 10	T	0.281	84	02m08s
951 Jun 7	P	-1.440	0.210	—	1618 Jul 21	T	0.356	94	02m13s
969 Jun 17	P	-1.353	0.358	—	1636 Aug 1	T	0.428	103	02m15s
987 Jun 28	P	-1.268	0.505	—	1654 Aug 12	T	0.497	110	02m16s
1005 Jul 9	P	-1.182	0.650	—	1672 Aug 22	T	0.560	117	02m15s
1023 Jul 20	P	-1.100	0.790	—	1690 Sep 3	T	0.617	122	02m13s
1041 Jul 30	P	-1.021	0.924	—	1708 Sep 14	T	0.669	126	02m10s
1059 Aug 11	A	-0.948	765	06m11s	1726 Sep 25	T	0.714	129	02m07s
1077 Aug 21	A	-0.880	499	06m21s	1744 Oct 6	T	0.752	133	02m04s
1095 Sep 1	A	-0.818	412	06m24s	1762 Oct 17	T	0.784	135	02m02s
1113 Sep 11	A	-0.764	372	06m25s	1780 Oct 27	T	0.808	138	02m00s
1131 Sep 23	A	-0.718	350	06m24s	1798 Nov 8	T	0.827	141	01m59s
1149 Oct 3	A	-0.679	339	06m24s	1816 Nov 19	T	0.841	145	02m00s
1167 Oct 14	A	-0.646	331	06m25s	1834 Nov 30	T	0.850	150	02m02s
1185 Oct 25	A	-0.522	327	06m24s	1852 Dec 11	T	0.855	156	02m05s
1203 Nov 5	A	-0.603	323	06m23s	1870 Dec 22	T	0.859	165	02m11s
1221 Nov 15	A	-0.589	319	06m21s	1889 Jan 1	T	0.860	175	02m17s
1239 Nov 27	A	-0.578	313	06m16s	1907 Jan 14	T	0.863	189	02m25s
1257 Dec 7	A	-0.571	305	06m09s	1925 Jan 24	T	0.866	206	02m32s
1275 Dec 18	A	-0.565	293	06m00s	1943 Feb 4	T	0.873	229	02m39s
1293 Dec 29	A	-0.558	279	05m48s	1961 Feb 15	T	0.883	258	02m45s
1312 Jan 9	A	-0.549	261	05m33s	1979 Feb 26	T	0.898	298	02m49s
1330 Jan 19	A	-0.538	240	05m16s	1997 Mar 9	T	0.918	356	02m50s
1348 Jan 31	A	-0.522	215	04m55s	2015 Mar 20	T	0.945	463	02m47s
1366 Feb 10	A	-0.501	189	04m32s	2033 Mar 30	T	0.978	781	02m37s
1384 Feb 21	A	-0.473	162	04m05s	2051 Apr 11	P	1.017	0.985	—
1402 Mar 4	A	-0.440	134	03m34s	2069 Apr 21	P	1.062	0.899	—
1420 Mar 14	A	-0.399	106	02m59s	2087 May 2	P	1.114	0.801	—
1438 Mar 25	A	-0.352	80	02m21s	2105 May 14	P	1.171	0.692	—
1456 Apr 5	A	-0.297	54	01m40s	2123 May 25	P	1.232	0.573	—
					2141 Jun 4	P	1.298	0.446	—
1474 Apr 16	A	-0.238	30	00m58s					
1492 Apr 26	A	-0.172	8	00m16s	2159 Jun 16	P	1.367	0.313	—
1510 May 8	AT	-0.103	12	00m22s	2177 Jun 26	P	1.437	0.176	—
1528 May 18	AT	-0.029	29	00m56s	2195 Jul 7	Pe	1.509	0.036	—
1546 May 29	AT	0.047	46	01m24s					
1564 Jun 8	Tm	0.126	60	01m44s					
1582 Jun 20	T	0.204	73	01m59s					

Eclipse Type: P - Partial
                A - Annular
                AT - Annular/Total
                T - Total

Note: Mag./Width column gives eclipse magnitude for partial eclipses
       and path width (km) for umbral eclipses.

Table 14

CLIMATOLOGICAL STATISTICS FOR MARCH ALONG THE ECLIPSE PATH OF THE TOTAL SOLAR ECLIPSE OF 1997 MARCH 9

Location	Latitude	Longitude	Highest T (°C)	Mean Tmax (°C)	Mean Tmin (°C)	Lowest T (°C)	Mean precipitation (mm)	Days with precipitation	Days with Sun and no fog
Russia									
Kosh Agach	50°01'	88°44'	11	-5	-21	-41	4.8	2.3	10.8
Kazantsevo	51°30'	95°31'	7	-7	-24	-45	14	4.9	9.2
Chadan	51°16'	91°35'	14	-2	-19	-39	9.4	2.2	10.0
Onguday	50°45'	86°09'	17	2	-11	-34	9.1	3.2	13.4
Vitim	59°27'	112°35'	8	-8	-26	-53	16.5	10.5	7.2
Chara	56°55'	118°22'	11	-9	-33	-55	7.9	2.7	6.7
Uakit	55°28'	113°38'	8	-11	-27	-48	4.1	2.7	13.1
Barguzin	53°37'	109°38'	16	-6	-22	-48	4.1	4.8	13.4
Tungokochen	53°34'	115°34'	11	-4	-27	-51	7.6	3	12.4
Mogocha	53°44'	119°47'	14	-6	-28	-49	8.4	4	11.7
Irkutsk	52°16'	104°21'	14	-1	-16	-39	12.7	5.1	10.5
Nerchinskiy Zavo	51°19'	119°37'	17	-7	-22	-42	9.6	4.5	16.9
Datsan Sanaga	50°43'	102°49'	16	1	-22	-43	5.6	2.7	13.8
Krasnyy Chikoy	50°22'	108°45'	19	-3	-23	-45	4.6	2.7	12.0
Aksha	50°17'	113°17'	21	-1	-20	-45	5.1	2.1	15.9
Chulman	56°50'	124°52	3	-12	-30	-55	13.5	9.3	5.4
Skovorodina	54°0'	123°58'	14	-6	-27	-51	6.9	3	14.6
Aldan	58°37'	125°22'	4	-13	-23	-48	27.4	13.3	5.3
Zeya	53°45'	127°14'	10	-4	-20	-44	10.2	2.6	14.9
Kumara	51°34'	126°43'	16	-4	-22	-48	11.9	3.6	17.3
Okhotskiy Perevo	65°53'	135°33'	8	-16	-36	-59	15.2	8.4	8.9
Yakutsk	62°05'	129°45'	3	-18	-33	-55	9.6	6.4	8.4
Dumakon	63°16'	143°09'	-1	-24	-45	-64	8.6	7.2	10.1
Khonu	66°27'	143°14'	2	-22	-42	-64	10.4	6.1	10.2
Zyryanka	65°44'	150°54'	-1	-21	-36	-55	13.7	7.9	10.2
Chokurdakh	70°37'	147°53'	-9	-28	-36	-54	13.5	8.4	12.5
Mongolia									
Ugli	48°58'	88°58'	15	3	-14	-27	0	0	15.4
Hovdo	48°01'	91°39'	18	-1	-18	-34	0	0	17.1
Altai	46°24'	96°15'	11	-1	-17	-33	2.5	0	15.4
Ulyaa	47°45'	96°51'	13	-2	-20	-39	11.6	1.4	14.6
Ulangom	49°51'	92°04'	-1	-12	-25	-42	4.3	0	12.1
Moron	49°38'	100°10'	18	0	-18	-42	2	0	13.9
Bulgan	48°48'	103°33'	18	1	-18	-39	3.1	0.03	13.1
Barunhara	48°55'	106°44'	18	-1	-18	-44	5.6	0.7	12.2
Ulaanbaatar	47°51'	106°45'	18	-1	-19	-44	5.6	0.2	14.2
Choybalsan	48°04'	114°30'	18	-1	-16	-41	1.5	0	15.3

Table 15

35 MM FIELD OF VIEW AND SIZE OF SUN'S IMAGE FOR VARIOUS PHOTOGRAPHIC FOCAL LENGTHS

Focal Length	Field of View	Size of Sun
50 mm	27° x 40°	0.5 mm
105 mm	13° x 19°	1.0 mm
200 mm	7° x 10°	1.8 mm
400 mm	3.4° x 5.1°	3.7 mm
500 mm	2.7° x 4.1°	4.6 mm
1000 mm	1.4° x 2.1°	9.2 mm
1500 mm	0.9° x 1.4°	13.8 mm
2000 mm	0.7° x 1.0°	18.4 mm
2500 mm	0.6° x 0.8°	22.9 mm

Image Size of Sun (mm) = Focal Length (mm) / 109

Table 16

SOLAR ECLIPSE EXPOSURE GUIDE

ISO				f/Number					
25	1.4	2	2.8	4	5.6	8	11	16	22
50	2	2.8	4	5.6	8	11	16	22	32
100	2.8	4	5.6	8	11	16	22	32	44
200	4	5.6	8	11	16	22	32	44	64
400	5.6	8	11	16	22	32	44	64	88
800	8	11	16	22	32	44	64	88	128
1600	11	16	22	32	44	64	88	128	176

Subject	Q				Shutter Speed				
Solar Eclipse									
Partial[1] - 4.0 ND	11	—	—	—	1/4000	1/2000	1/1000	1/500	1/250	1/125
Partial[1] - 5.0 ND	8	1/4000	1/2000	1/1000	1/500	1/250	1/125	1/60	1/30	1/15
Baily's Beads[2]	12	—	—	—	—	1/4000	1/2000	1/1000	1/500	1/250
Chromosphere	11	—	—	—	1/4000	1/2000	1/1000	1/500	1/250	1/125
Prominences	9	—	1/4000	1/2000	1/1000	1/500	1/250	1/125	1/60	1/30
Corona - 0.1 Rs	7	1/2000	1/1000	1/500	1/250	1/125	1/60	1/30	1/15	1/8
Corona - 0.2 Rs[3]	5	1/500	1/250	1/125	1/60	1/30	1/15	1/8	1/4	1/2
Corona - 0.5 Rs	3	1/125	1/60	1/30	1/15	1/8	1/4	1/2	1 sec	2 sec
Corona - 1.0 Rs	1	1/30	1/15	1/8	1/4	1/2	1 sec	2 sec	4 sec	8 sec
Corona - 2.0 Rs	0	1/15	1/8	1/4	1/2	1 sec	2 sec	4 sec	8 sec	15 sec
Corona - 4.0 Rs	-1	1/8	1/4	1/2	1 sec	2 sec	4 sec	8 sec	15 sec	30 sec
Corona - 8.0 Rs	-3	1/2	1 sec	2 sec	4 sec	8 sec	15 sec	30 sec	1 min	2 min

Exposure Formula: $\quad t = f^2 / (I \times 2^Q) \quad$ where: $\quad t$ = exposure time (sec)
f = f/number or focal ratio
I = ISO film speed
Q = brightness exponent

Abbreviations: ND = Neutral Density Filter.
Rs = Solar Radii.

Notes: [1] Exposures for partial phases are also good for annular eclipses.
[2] Baily's Beads are extremely bright and change rapidly.
[3] This exposure also recommended for the 'Diamond Ring' effect.

F. Espenak - 1995 June

TOTAL SOLAR ECLIPSE OF 1997 MARCH 9

MAPS OF THE UMBRAL PATH

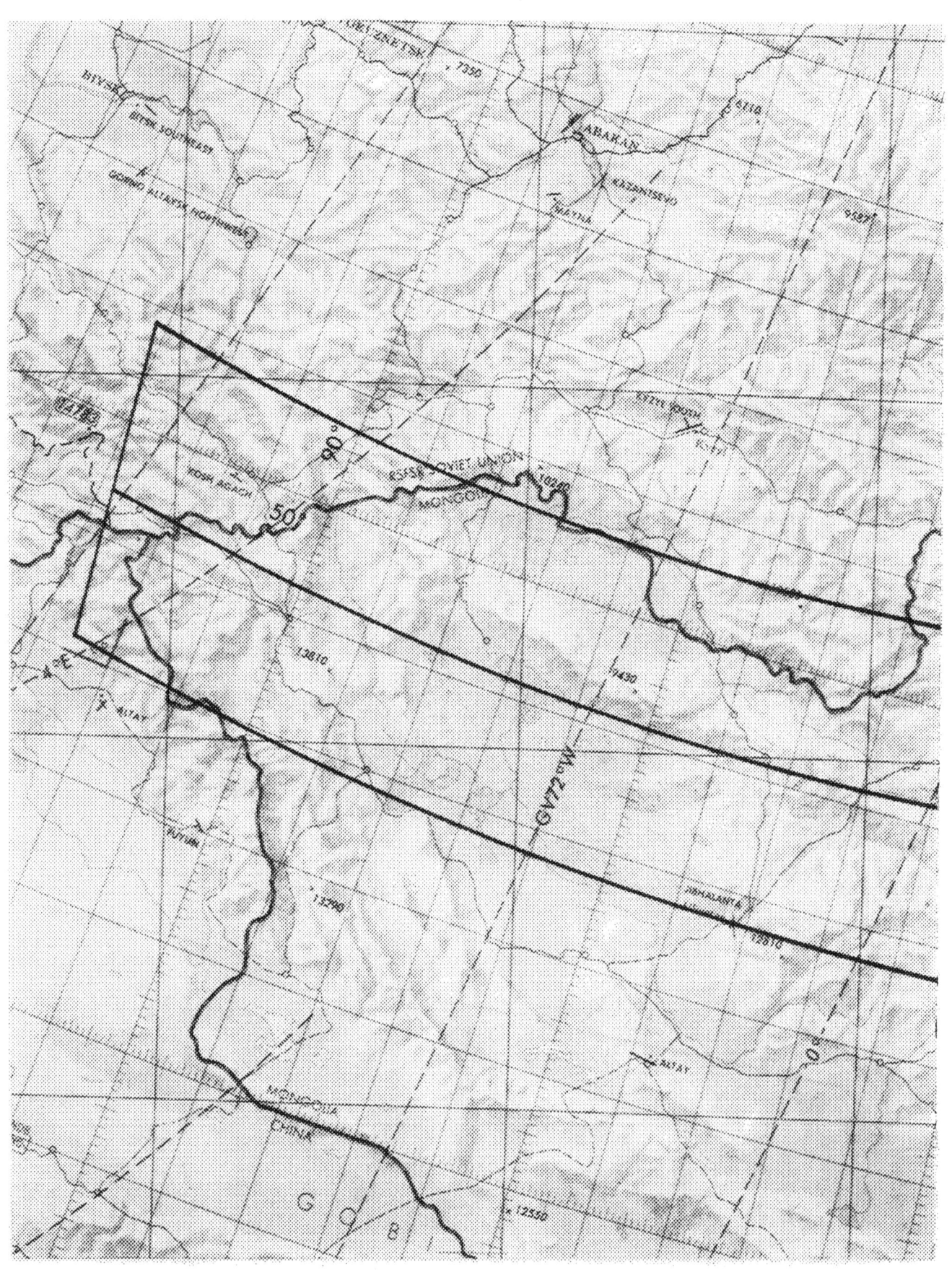

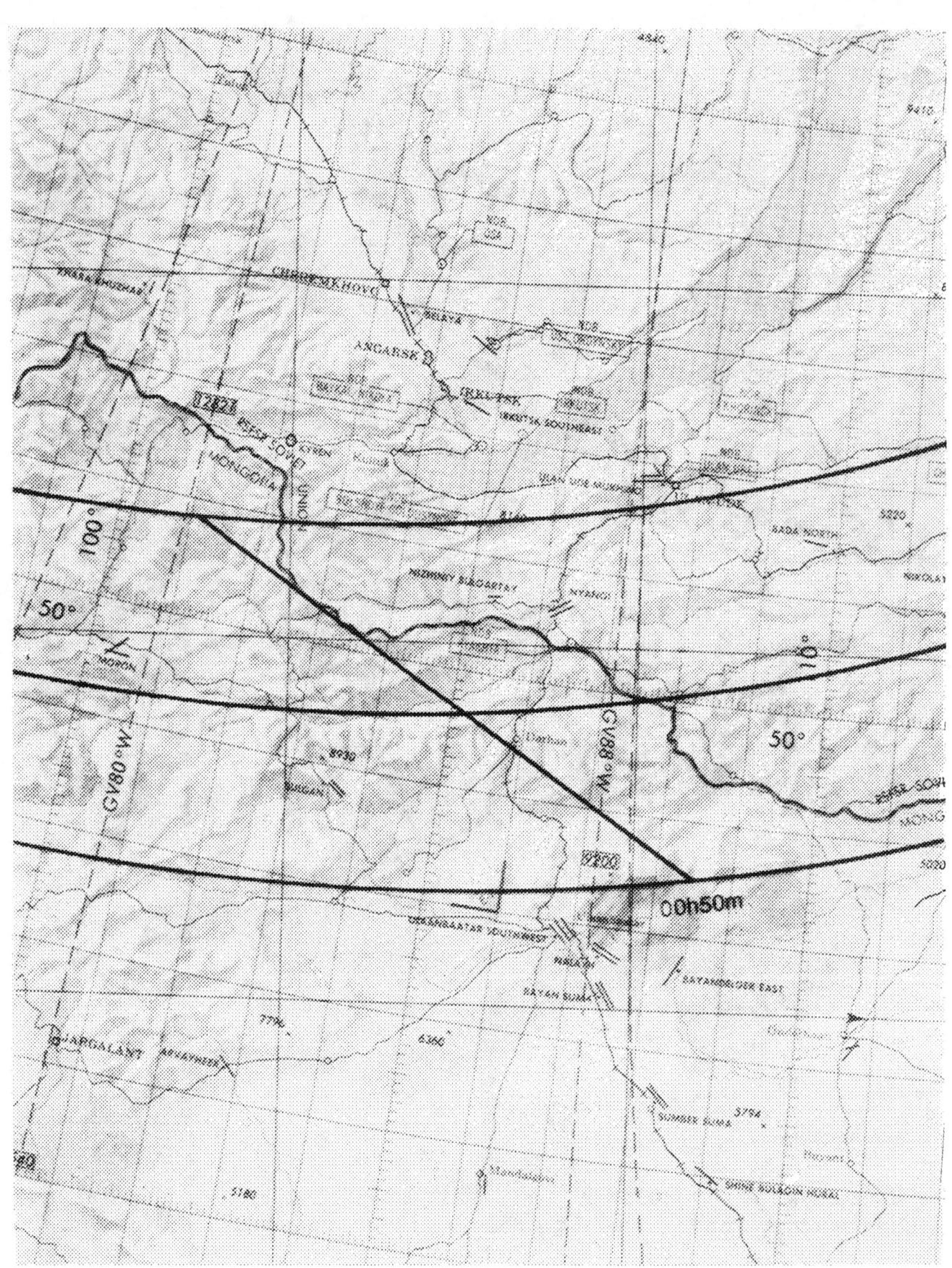

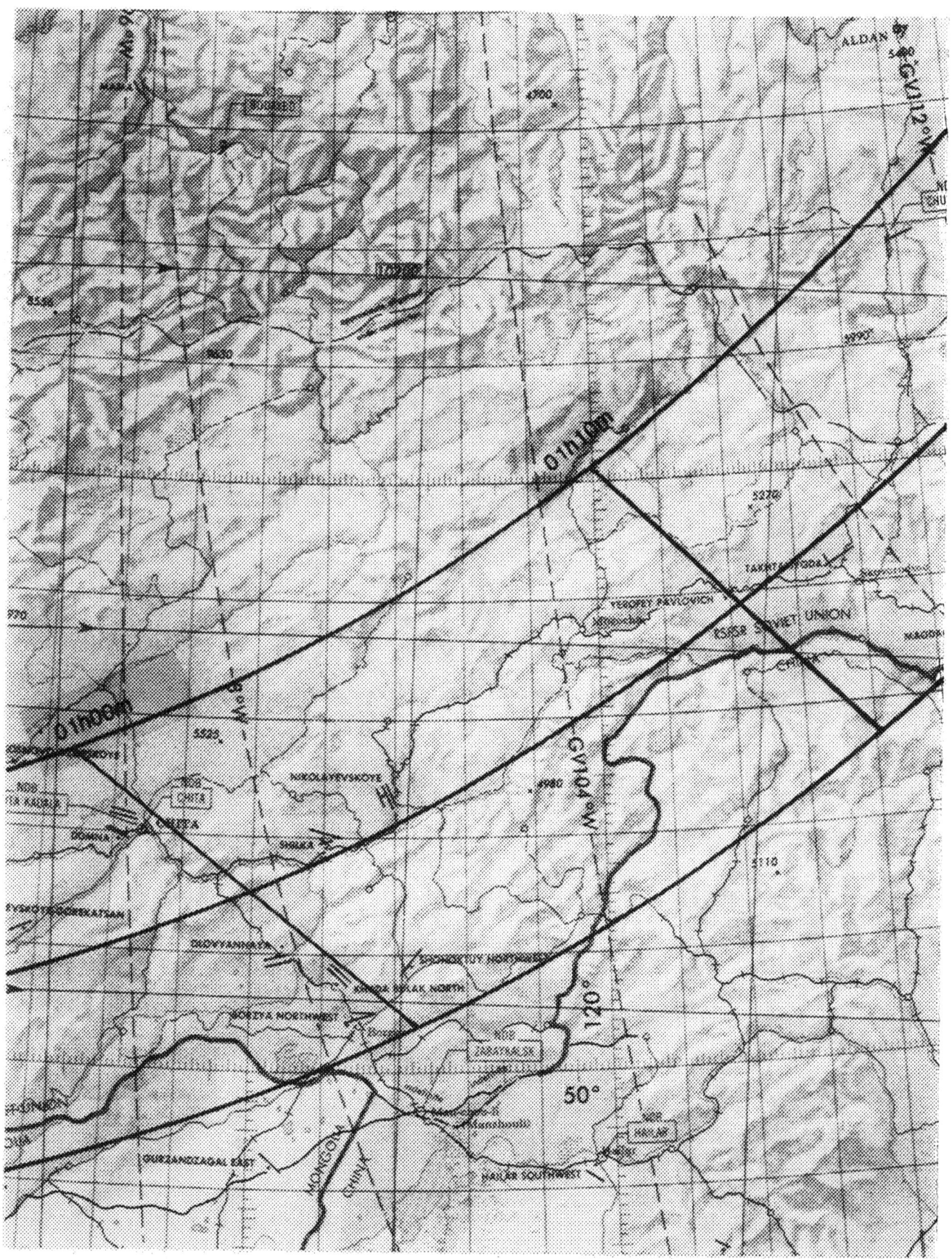

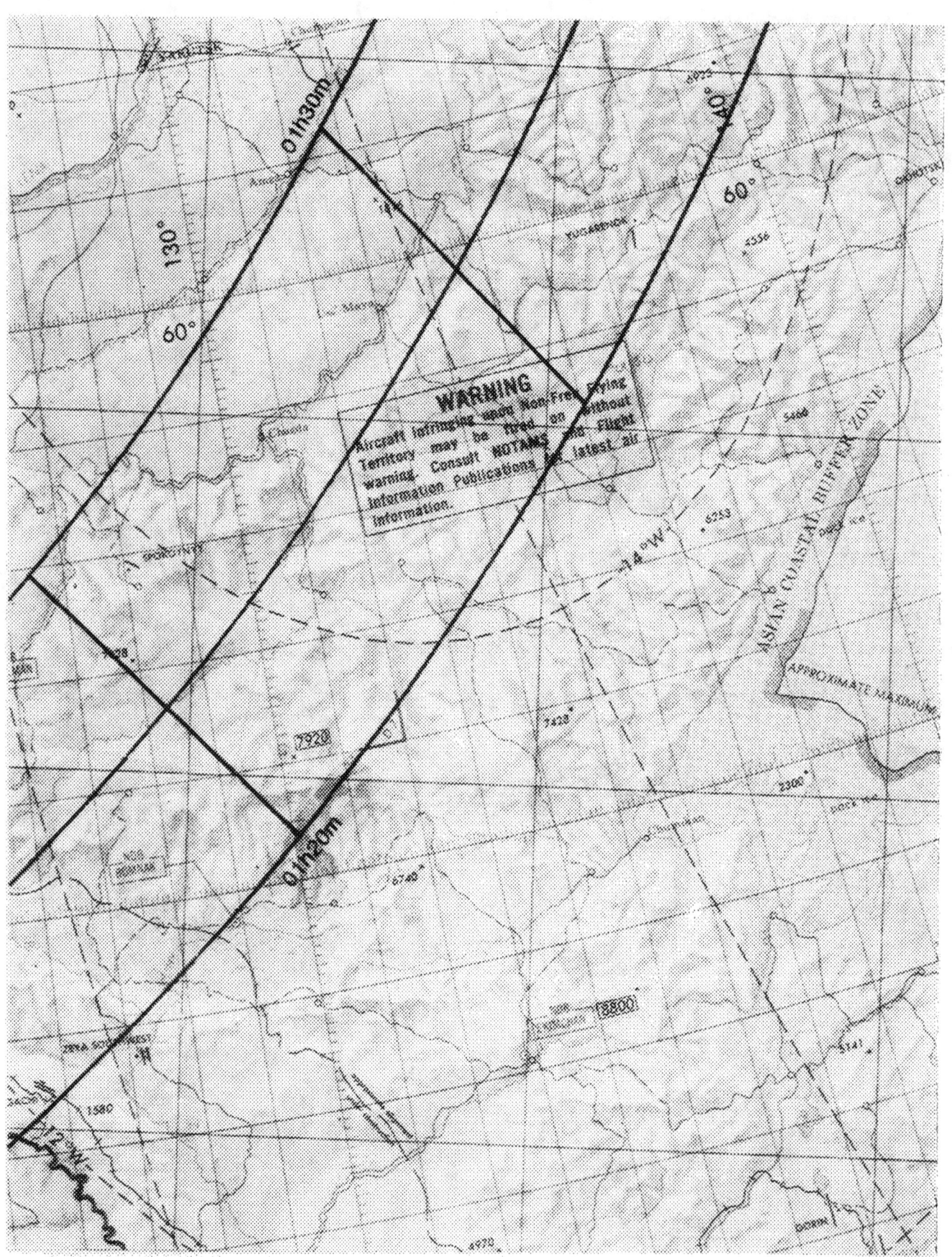

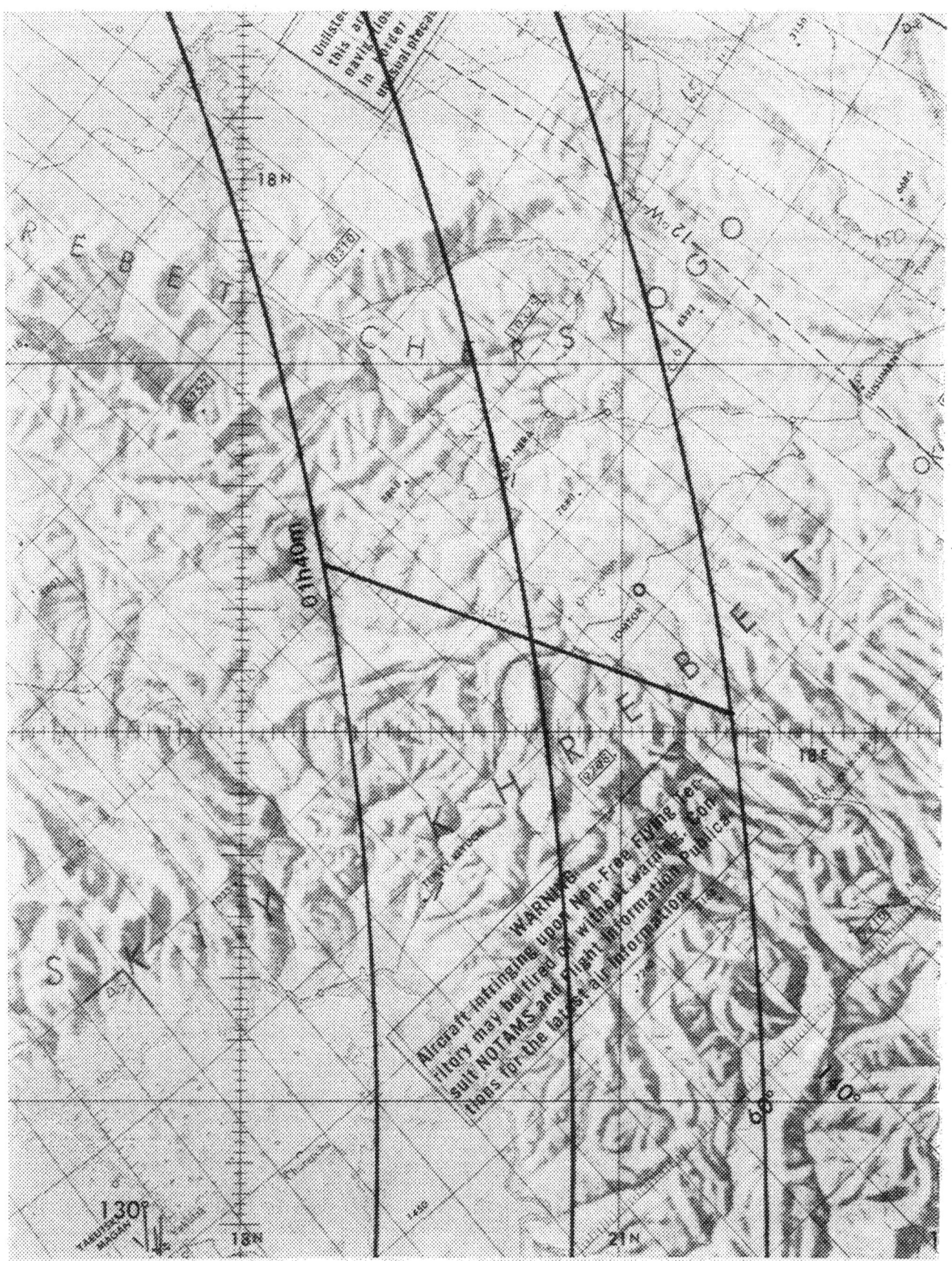

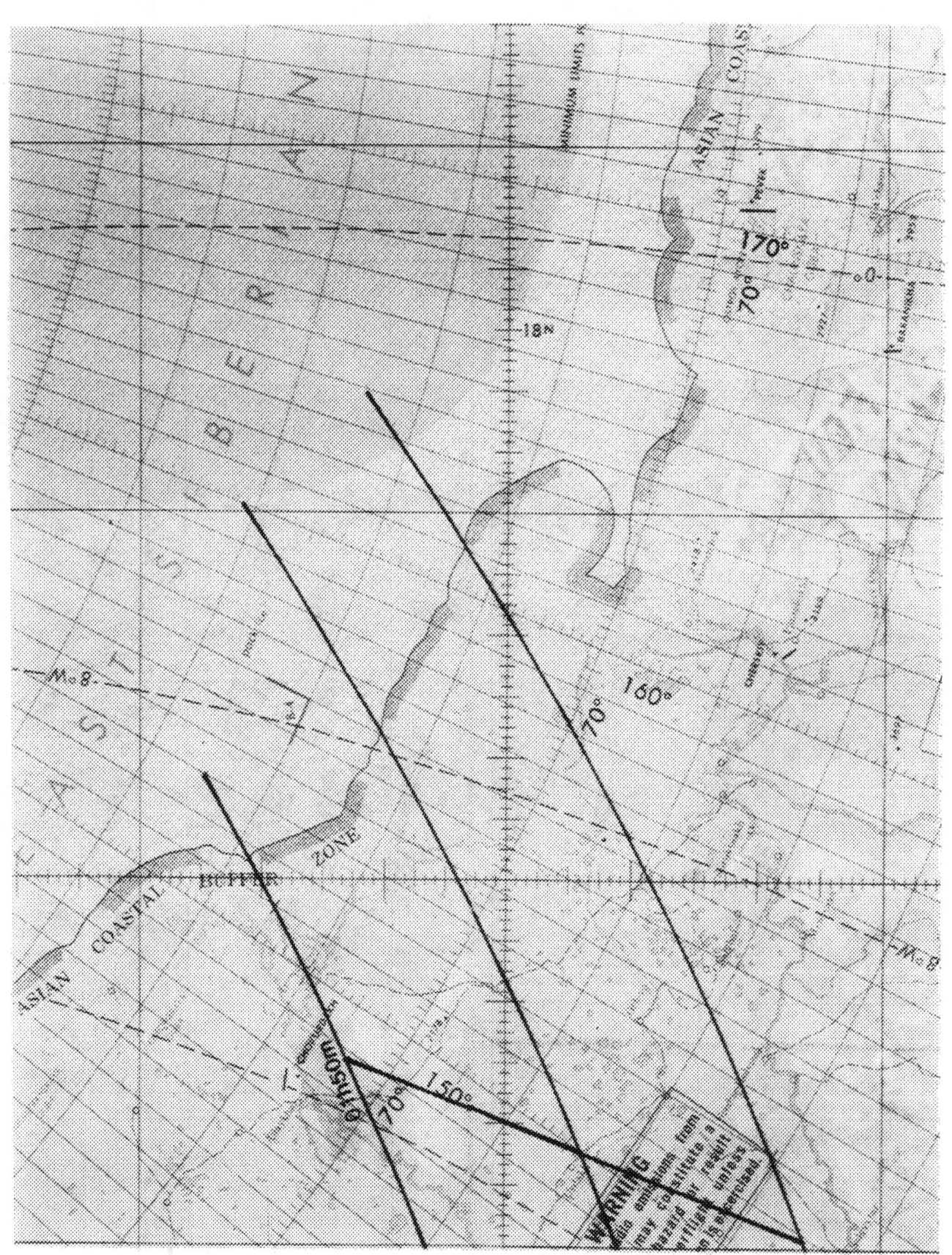

www.ingramcontent.com/pod-product-compliance
Lightning Source LLC
Chambersburg PA
CBHW081737170526
45167CB00009B/3857